DRC

国务院发展研究中心
学 术 文 库

创新驱动发展与知识产权制度

Intellectual Property System
and Innovation-driven Development

吕　薇◎主　编
沈恒超◎副主编

中国发展出版社
CHINA DEVELOPMENT PRESS

图书在版编目（CIP）数据

创新驱动发展与知识产权制度/吕薇主编 . —北京：中国发展出版社，
2014.7

ISBN 978-7-5177-0192-7

Ⅰ.①创… Ⅱ.①吕… Ⅲ.①国家创新系统—研究—中国 ②知识产权
制度—研究—中国 Ⅳ.①G322.0 ②D923.04

中国版本图书馆 CIP 数据核字（2014）第 144995 号

书　　　名：	创新驱动发展与知识产权制度
著作责任者：	吕　薇
出 版 发 行：	中国发展出版社
	（北京市西城区百万庄大街 16 号 8 层　100037）
标 准 书 号：	ISBN 978-7-5177-0192-7
经 销 者：	各地新华书店
印 刷 者：	北京明恒达印务有限公司
开　　　本：	700mm×1000mm　1/16
印　　　张：	17
字　　　数：	240 千字
版　　　次：	2014 年 7 月第 1 版
印　　　次：	2014 年 7 月第 1 次印刷
定　　　价：	45.00 元

联 系 电 话：（010）68990630　68990692
购 书 热 线：（010）68990682　68990686
网 络 订 购：http://zgfzcbs.tmall.com//
网 购 电 话：（010）88333349　68990639
本 社 网 址：http://www.develpress.com.cn
电 子 邮 件：bianjibu16@vip.sohu.com

前 言
Preface

    2006 年 1 月，中共中央国务院《关于实施科技规划纲要增强自主创新能力的决定》提出 2020 年进入创新型国家行列的目标，极大地推动了我国的技术创新活动。为了配合建设创新型国家，2008 年国务院颁布了《国家知识产权战略纲要》（以下简称《战略纲要》）。实施《战略纲要》以来，我国的各项知识产权工作取得明显进展，创造、运用和保护、管理知识产权的能力逐步提高。目前，我国的发明专利申请量和授权量进入世界前列。截至 2012 年底，我国发明专利累计授权量达到 111.1 万件，国内有效发明专利拥有量已达 47.3 万件，每万人口发明专利拥有量达 3.2 件。知识产权环境明显改善。但是，缺少核心技术的知识产权仍是制约提升我国产业竞争力和持续发展的软肋。实施《战略纲要》过程中存在的主要问题是：重创造、轻运用，有限的知识产权资源利用效率低；知识产权审查和授权标准基本与国际接轨，但实施经验不足，不能适应创新模式多样化和产业竞争的要求；政策以考核、补贴和税收优惠为主，体制机制建设缓慢。与国际相比，我国专利保护的主要问题是处罚力度较轻、办案透明度和水平不高等。

    2012 年 10 月，党的十八大报告中提出了实施创新驱动发展战略，强调科技创新是提高社会生产力和综合国力的战略支撑，必须摆在国家发展全局的核心位置。创新驱动发展的核心就是以创新作为发展的重要动力，关键是增强自主创新能力，实现经济增长从依靠投资和要素消耗转向依靠技术进步、创新和劳动力素质提高。目前，我国正处于投资和要素驱动发展向创新驱动发展的关键时期，技术创新进入新阶段。我国科技投入持续快速增长，R&D 支出总量进入世界前列，R&D 经费支出强度居发展中国家首位，超过部分高收入国家的水平；创新要素向企业集聚，企业的创新主体地位逐步形成；多年累积的创新投入正在逐步显现效果，产业技术发展正在从引进技术消化吸收和跟踪模仿转向以引进技术消化吸收再创新和自主研发相结合，部分领域从技术追赶实现了技术赶超。

创新驱动发展和转型升级对知识产权制度提出新要求。一是从数量速度型向质量效益型转变，努力掌握核心关键技术的知识产权，提高知识产权的价值和国际竞争力。二是从被动保护向主动保护转变。随着国内专利数量和创新活动增加，创新型企业要求保护知识产权的呼声越来越高，保护知识产权成为建设创新型国家的需要。三是从注重创造知识产权向注重创造和运用并举转变，提高运用知识产权的能力，促进知识产权转化为生产力，增强产业核心竞争力和国家综合实力。四是从重点抓立法和制度建设向抓法律实施与完善立法相结合转变。我国的知识产权法律体系基本与国际接轨，关键是要提高实施效率，加强保护知识产权的力度，统一执法标准，提高违法成本，降低维权成本。五是知识产权工作从专业部门向全社会参与转变，要加大知识产权知识和制度的宣传力度，营造全社会尊重知识产权的氛围。

在新形势下，为了探索知识产权制度如何更好地为实现创新驱动发展战略提供支撑，2012～2013 年，受国家知识产权局委托，国务院发展研究中心技术经济研究部牵头开展了创新驱动发展与专利制度的研究。该项研究重点对我国创新和知识产权发展阶段、国内知识产权制度实施与发展、外国专利制度变化趋势和执法特点以及实施创新驱动发展战略迫切需要解决的技术转移、专利服务和执法、专利制度如何适应企业创新要求等重点问题进行了较深入的研究。本书是在这项研究成果的基础上，进行补充和删减，编辑成册，供从事知识产权工作和研究的读者借鉴参考。

本书共九章。第一章重点分析了我国创新和知识产权发展的阶段特征，以及专利的地区分布和行业分布现状。第二章分析了国际上知识产权保护的变化趋势，以及创新驱动发展对实施知识产权制度提出的新要求，并提出相关政策建议。第三章比较全面地介绍了世界专利制度的变化趋势，回顾了二战以来专利制度发展的总体脉络，重点分析了近些年来世界专利制度变化的新趋势。第四章重点介绍了国外促进技术转移的经验和做法，分析了我国技术转移立法、政策及存在的主要问题，并提出改进建议。第五章重点研究如何完善专利代理制度，提高专利服务质量，在介绍国外经验的基础上，分析了我国专利服务业的现状和问题，给出了相关建议。第六章重点研究了如何通过完善专利制度提升我国医药产业的创新能力和国际竞争力，提出了我国医药技术赶超需要加强专利制度与医药创新的配合度的建议。第七章是在各种调查的基础上，概括和分析了企业对改进专利制度的需求，对进一步改进专利制度及其实施具有重要参考价值。第八章从创造与管理、运用与保护两方面，重点分析了《专利法》与《专利法实施细则》第三次修订的主要内容、意义和作用。第九章重点从案件审理周期、费用和取证方式，民事和刑事责任，以及外国当事人诉讼和胜诉情况等方面，概要介绍了有关国家知识产权执法情况，对我国改进知识产权执法具有借鉴作用。

本书的作者主要是国务院发展研究中心和国家知识产权局发展研究中心的研究人员。吕薇撰写第一章和第二章，邓仪友撰写第三章，李志军和郝喜撰写第四章，戴建军撰写第五章，王怀宇撰写第六章，沈恒超撰写第七章，沈恒超和柴耀田撰写第八章，郝喜撰写第九章。在此，衷心感谢国家知识产权局发展规划司对本项研究工作提供的多方支持。

创新驱动发展是一个综合性问题，而专利制度则是一个专业性较强的问题。本书主要从实际问题出发，研究和探索专利制度如何服务于创新驱动发展。由于作者水平有限，本书难免有不当之处，希望读者给我们提出宝贵意见。

吕　薇

2014 年 4 月于北京

目 录
Contents

第一章 我国创新和知识产权发展进入新阶段

目前，我国已经进入转变发展方式和产业升级的关键时期。转变发展方式的主要动力是从投资和要素驱动转向创新和效率驱动。我国的创新和知识产权活动处于活跃期，正在实现两个转变。一是产业技术发展从引进技术消化吸收和模仿制造向引进技术消化吸收再创新和自主研发相结合转变。二是知识产权发展从数量增长向数量与质量、创造与运用并举转变。

一、我国技术创新进入新阶段

党的十七大提出，提高自主创新能力和建设创新型国家，是国家发展战略的核心和提高综合国力的关键。各种迹象表明，多年累积的创新投入正在逐步显现效果，我国产业技术发展正在从引进技术和跟踪模仿转向引进技术消化吸收再创新和自主研发相结合的阶段，技术创新进入新阶段，呈现以下特点。

1. 我国成为科技投入总量大国，以渐进创新为主

进入 21 世纪以来，我国的科技投入持续快速增长，科技经费筹集额和研究开发（R&D）支出的增长速度均超出 GDP 的增长。目前，R&D 支出总量进入世界前列，R&D 经费支出强度居发展中国家首位，超过部分高收入国家的水平。2013 年，全社会研究与开发（R&D）费用支出预计达到11906 亿元，是 2002 年 1161 亿元的 10 倍，占国内生产总值（GDP）的比重从 2002 年的 1.1% 上升为 2.09%。但总体看，以渐进创新为主，关键核心

技术对外依赖较大。

2. 科技人员总量居世界前列，人才结构亟待改善

我国科技人力资源和从事研发人员总量居世界前列。2002～2012年，R&D人员全时当量数从103.51万人年增加到324.7万人年，增长了2.13倍，R&D人员的人均R&D支出从2002年的12.43万元/人增加到2012年的31.74万元/人，增长了1.5倍。2006～2010年，每万名就业者中R&D人员数量年增长20.8%，比"十五"期间增加3.4个百分点，远超过OECD国家2.74%的总体增长率。但是，从总体上看，我国总就业者中的R&D人员比例较低，R&D人员的人均R&D支出不高。

3. 科技产出和知识产权数量大幅增加，产业化能力亟待提高

目前，我国的科技论文数量居世界第1位，国际科技论文总数居世界第2位。2001～2009年，中文科技期刊发表的论文数量从20.32万篇增加到52.1万篇，世界排位从第6位提升至第2位，仅次于美国。自2008年起，我国的国际科技论文总数达到并稳居世界第2位，占世界的10%以上。国外收录的我国论文总数从2000年的4.96万篇增加到2009年的28万篇。2009年，三种国际上较有影响的主要检索工具《科学引文索引（SCI）》、《工程索引（EI）》、《科学技术会议录索引（ISTP）》分别收录我国论文12.75万篇、9.78万篇和5.47万篇，居世界排名列第二位、第一位和第二位。科技论文被引用次数逐年递增，2006～2013年间，我国论文总被引用次数已经从世界第13位提升到第5位。但SCI论文引用率低于世界平均水平。2012年，我国的发明专利授权量达21.7万件，每万人发明专利拥有量为3.2件；著作权登记量达68.8万件，软件著作权登记量为13.9万件，均创历史最高；农业植物新品种申请量突破1万件，林业植物新品种申请量突破1000件。截至2012年底，我国商标累计注册

量为765.6万件，有效注册商标达640万件，继续保持世界第一①。但是，我国知识产权密集产业的比重仍然较低，产业平均发明专利密集度还不到美国的1/25②。

4. 创新资源向企业集聚，企业成为创新投入的主体

目前，企业已经成为创新投入的主力军。2002～2012年，工业企业执行的R&D支出占全社会R&D支出的比例从61%增加到76%，高于美、英、法等国，接近于韩国和日本等国。大中型工业企业R&D人员全时当量占全社会的比重从2004年的38%增加到2012年的60%。设在企业的国家重点实验室、国家工程实验室、国家工程（技术）研究中心分别达到99家、55家和300家。2013年新认定国家级企业技术中心123家，总数达到1002家。

市场力量驱动企业多种形式创新，以集成创新和引进技术消化吸收改进创新为主。经过多年引进技术消化吸收，我国企业的技术和资金积累能力不断提高，创新能力逐步增强。近些年，企业加大自主研发和引进技术消化吸收的投入力度，产业技术进步从依靠跟踪模仿和引进生产能力逐步转向引进技术消化吸收再创新与自主研发相结合，从依靠技术引进逐步转向增加国内技术供应能力。企业的R&D支出从2003年的460.6亿元增加到2012年的7200.64亿元，增加了14.6倍。2004～2011年，规模以上工业企业的R&D经费与引进技术经费之比从2.78倍提高到18倍，消化吸收经费与引进技术经费之比从15.4%增至40%，购买国内技术经费与引进技术经费支出之比从20%增至51.2%③。

---

① 国家知识产权局网站："2013年全国知识产权宣传周全面启动"。
② 根据"中国产业专利密集度统计报告"（国家知识产权局规划发展司，《专利统计简报》，2013年第3期）中数据计算。
③ 根据历年《中国统计年鉴》数据计算。

5. 企业创新能力和技术水平呈二元结构，少数创新型企业与多数跟随企业并存

目前，我国各行业排头兵企业的技术装备基本达到世界先进水平，具备了自主创新能力。华为、中兴、联想、华大基因、腾讯、阿里巴巴等一批依靠创新提高竞争力和持续发展的企业正在形成。

但大部分企业仍处于跟踪模仿和引进技术消化吸收阶段，以及低端加工制造和低价竞争阶段，难以较快积累足够资金和技术能力。企业科学研究能力相对薄弱，大多是改进式创新。从平均水平看，企业的创新活动还不普遍。2011 年，大中型工业企业中具有研发活动的企业不到 30%，平均 R&D 强度为 0.93%；规模以上工业企业中具有研发活动的企业仅占 12%，平均 R&D 强度只有 0.71%。

6. 行业间创新投入差距大，不仅高技术行业需要创新，我国传统行业具有创新优势

目前，行业之间的创新投入总量相差较大。从企业 R&D 支出总量来看，R&D 支出相对集中在高技术和中高技术行业。与发达国家相比，我国传统产业的创新优势高于高技术产业。与欧、美、日、韩等国相比，我国制造业的平均 R&D 强度明显高于高技术制造业。如，我国制造业的 R&D 强度大约是美国和日本的 1/3、德国的 43.5%、韩国的 52.6%，而高技术制造业的 R&D 强度仅是美国的 1/10、日本的 16.2%、德国的 24.6% 和韩国的 28.8%，见表 1.1。

表 1.1　　　中国制造业开发强度的国际比较（2011 年）（%）

	美国 （2007 年）	日本 （2008 年）	德国 （2007 年）	法国 （2008 年）	英国 （2006 年）	意大利 （2007 年）	韩国 （2006 年）
制造业	29.41	29.41	43.48	40.00	41.67	142.86	52.63
高技术产业	10.06	16.19	24.64	22.08	15.32	44.74	28.81

数据来源：根据科技部战略研究院的资料计算，表中的数据为"中国 R&D 强度/外国 R&D 强度"，中国是 2011 年的数据。

7. 工业竞争力居世界前列，创新能力为中上水平

我国是世界制造大国，制造能力在国际排名高于产业竞争力排名，产业竞争力排名高于创新能力排名。目前，我国的制造业增加值居世界第一；根据联合国工业发展组织（UNIDO）的全球工业竞争力指数排序，2009 年，我国的工业竞争力指数位居世界第 5 位；据世界贸易组织的统计，2013 年我国成为世界第一大货物贸易国，全球 120 多个国家的最大贸易伙伴，货物贸易出口超过 2.2 亿美元，进口 1.95 万亿美元。根据世界经济论坛发布的国家竞争力排名，近几年我国位居第 26～29 位；根据欧洲工商管理学院和世界知识产权组织（WIPO）联合发布的 2012 年全球创新指数，在 141 个国家中，我国位居第 34 位。

8. 创新要素相对集中在东部沿海地区，形成了环渤海（北京、天津、山东、辽宁）、长江三角洲和珠江三角洲三个创新高地

根据中国科技发展战略研究小组的《中国区域创新能力报告》（2011年、2012 年和 2013 年）评估结果，2009～2011 年，创新综合指数位居前十位的地区是江苏、广东、北京、上海、浙江、山东、天津、辽宁、安徽和重庆①，其中江苏、广东、北京、上海、浙江、山东、天津稳定在前七位，见表 1.2。2011 年，这七个地区的 R&D 经费支出占全国的 62.17%，R&D人员全时当量数占全国的 51.6%，发明专利申请占全国的 68.13%。

表 1.2　　　　区域创新综合指数排序（2009～2011 年）

排名	2009 年	2010 年	2011 年
1	江苏	江苏	江苏
2	广东	广东	广东
3	北京	北京	北京

---

① 为两年进入前十的地区。

续表

排名	2009 年	2010 年	2011 年
4	上海	上海	上海
5	浙江	浙江	浙江
6	山东	山东	山东
7	天津	天津	天津
8	辽宁	辽宁	重庆
9	四川	安徽	安徽
10	重庆	湖南	福建

　　资料来源：中国科技发展战略研究小组，《中国区域创新能力报告》，科学出版社 2011 年、2012 年和 2013 年版。

二、专利发展处于从量变到质变的关键期

　　技术创新和专利发展互相促进。一方面，技术创新推动了专利的创造、运用和保护。另一方面，专利的创造、运用和保护又提高了创新的积极性和能力。特别是国家知识产权战略纲要实施以来，我国的知识产权发展进入了一个新的阶段，改善了知识产权的发展环境，推进了专利创造、运用、管理和保护，专利发展进入了从追求数量向注重数量和质量并举的阶段。

1. 我国专利活动进入活跃期，对创新的支撑作用增强

　　近些年来，我国专利申请和授权数量快速增长，发明专利比重逐年增加，但专利质量仍有待提高。2011 年，我国发明专利申请受理量居世界第一，发明专利授权量居世界第三，中国公民通过 PCT（《专利合作条约》）途径提交的国际专利申请量升至世界第四位。2002～2012 年，我国发明专利申请受理量从 80232 件增加到 652777 件，增长了 7.1 倍。其中，发明专利申请占专利申请量的比例从 22.5% 增加到 28%，2013 年首次超过 1/3，达到 34.7%；国内发明专利申请量占比从 50% 增加到 82%，约为 53.5 万件；发明专利授权量从 21473 件增加到 217105 件，增长了 9.1 倍，其中国

内发明专利授权占 66.3%，职务发明专利占 87.6%[①]。截至 2012 年底，我国累计发明专利授权量达 111.1 万件，国内有效专利达 300 万件，有效发明专利 47.3 万件[②]。PCT 专利申请从 2003 年的 1299 件增加到 2012 年的 18627 件，累计申请量约 8 万件。中国公民通过 PCT 提出的专利申请占全球份额从 1995 年的 0.3% 提升至 2012 年约 10%[③]。

但从总体上看，国内专利申请和授权中发明专利的比例仍然偏低。如，2012 年国内专利申请受理总量和专利授权总量中发明专利的比例分别为 25.3% 和 10.9%，而同年国外专利申请受理总量和专利授权总量中发明专利占比为 86.1% 和 76.1%。我国的专利市场化程度较低，有效专利率低于同期创新型国家的水平。2012 年，国内有效专利中发明专利仅占 15.7%，而国外有效专利中发明专利占 79.9%；国内有效发明专利维持时间 10 年以上的仅有 5.5%，而国外发明专利维持 10 年以上的有 26.1%；国内有效发明专利中，维持年限 5 年以下的（即申请于 2008 年 1 月 1 日或之后）占 55.3%，而国外这一比例只有 13.6%（见图 1.1)[④]。中国公民申请国际专利和美日欧三方专利占世界的份额较低。

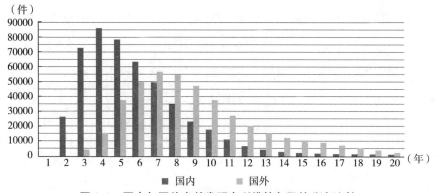

图 1.1 国内与国外有效发明专利维持年限的分布比较

数据来源：国家知识产权局规划发展司，《专利统计简报》，2013 年第 9 期。

---

① 国家知识产权局网站：历年专利统计。
② 国家知识产权局：《2012 年中国有效专利年度报告》。
③ 国家知识产权局规划发展司：《专利统计简报》，2013 年第 2 期。
④ 国家知识产权局规划发展司：《专利统计简报》，2013 年第 9 期。

2. 企业成为创造知识产权的主体

2012 年，在国内发明专利申请受理量和发明专利授权量中，企业的申请量和授权量均超过半壁江山，分别占 59.1% 和 54.7%；在国内职务发明专利申请受理和授权量中，企业分别占 73.8% 和 62.4%。企业的有效专利数量占全国有效专利总量的 60.3%，有效发明专利数量占全国的 58%[①]。2013 年，企业的发明专利申请 42.7 万件，占国内总量的 60.6%；企业获得发明专利授权 7.9 万件，占国内总量的 54.9%。

专利集中在少数企业，有专利活动的企业效益较高。2011 年，全国32.6 万家规模以上工业企业中，当年申请专利的企业有 33629 家，占10.3%；当年获得专利授权的有 30387 家，占 9.3%；拥有有效专利的有45398 家，占 13.9%。全国有专利申请的规模以上工业企业共实现主营业务收入 244742.8 亿元，实现新产品销售收入 66687.8 亿元，实现新产品出口额 13694.7 亿元，实现利润总额 18744.5 亿元，实现工业总产值 241207.2亿元[②]。2012 年，获得发明专利授权量居全国前十的企业是华为技术有限公司、中兴通讯股份有限公司、鸿富锦精密工业（深圳）有限公司、中国石油化工股份有限公司、中芯国际集成电路制造（上海）有限公司、比亚迪股份有限公司、华为终端有限公司、杭州华三通信技术有限公司、中国移动通信集团公司和奇瑞汽车股份有限公司，见表 1.3。

表 1.3　　　　2012 年发明专利授权量排名前十位的国内企业

序号	企业名称	数量（件）
1	华为技术有限公司	2734
2	中兴通讯股份有限公司	2727
3	鸿富锦精密工业（深圳）有限公司	1099
4	中国石油化工股份有限公司	1044

---

① 国家知识产权局规划发展司：《专利统计简报》，2013 年第 4 期。
② 国家知识产权局规划发展司：《专利统计简报》，2013 年第 7 期。

续表

序号	企业名称	数量（件）
5	中芯国际集成电路制造（上海）有限公司	530
6	比亚迪股份有限公司	510
7	华为终端有限公司	347
8	杭州华三通信技术有限公司	318
9	中国移动通信集团公司	303
10	奇瑞汽车股份有限公司	293

注：表中企业不包括港澳台企业。

数据来源：国家知识产权局规划发展司，《专利统计简报》，2013 年第 4 期。

2012 年，在国家知识产权局受理的国内 PCT 专利申请中，企业申请超过 13600 件，占 75.0%。华为技术有限公司、中兴通讯股份有限公司、深圳市华星光电技术有限公司、京东方科技集团股份有限公司和华为终端有限公司为国内申请人排名前五位，其中，中兴通讯股份有限公司、华为技术有限公司进入世界 PCT 专利申请 50 强企业，分列位居第 1 位和第 4 位[1]。

分行业看，2012 年电气机械及器材制造业，通用设备制造业，专用设备制造业，通信设备、计算机及其他电子设备制造业，交通运输设备制造业 5 个行业共有 22964 家企业拥有有效专利，占拥有有效专利的规模以上工业企业的半数以上。拥有有效专利企业所占比重超过 30% 的行业有仪器仪表及文化、办公用机械制造业，通信设备、计算机及其他电子设备制造业，烟草制品业，医药制造业，专用设备制造业[2]。

但总体来看，企业的专利活动还不普遍，集中在少数创新型企业。2011 年，规模以上工业企业平均专利申请量为 1.23 件，平均发明专利申请量为 0.34 件；规模以上工业企业平均有效专利数为 2.12 件，平均有效发明专利数为 0.30 件。在拥有有效专利的规模以上工业企业中，平均拥有有效专利 15.2 件，有效发明专利 2.13 件。2012 年，全国 34.4 万家规模以上工业企

---

① 国家知识产权局规划发展司：《专利统计简报》，2013 年第 2 期。
② 国家知识产权局：2012 年中国有效专利年度报告。

业中，当年提交专利申请的企业占 12.2%，比 2011 年提高 1.9 个百分点；获得专利授权的企业占 11.5%，比 2011 年增加 2.2 个百分点①。

3. 专利的行业集中度增加，部分领域形成知识产权优势

根据国内有效专利的分布情况，我国的专利主要集中在高技术和中高技术领域。但是与国际相比，我国传统产业具有一定的专利优势。按世界知识产权组织（WIPO）最新修订的技术领域分类标准（2011 年 8 月更新），在三十五个技术领域中，国内在食品化学、药品、材料冶金等二十个领域占据优势，但在如光学、半导体、计算机技术等高新技术领域，国外专利所占比例仍超过国内（见表 1.4）②。

表 1.4　　　我国有效发明专利技术领域分布（2012 年底）　　　单位：件

技术领域		有效总量	国内		国外	
			有效专利	比例（%）	有效专利	比例（%）
合计		875385	473187	54.1	402198	45.9
I	电气工程					
1	电机、电气装置、电能	60723	27922	46.0	32801	54.0
2	音像技术	47291	15910	33.6	31381	66.4
3	电信	31644	14051	44.4	17593	55.6
4	数字通信★	55462	37925	68.4	17537	31.6
5	基础通信程序	8973	3478	38.8	5495	61.2
6	计算机技术	55866	27660	49.5	28206	50.5
7	计算机技术管理方法★	486	245	50.4	241	49.6
8	半导体	40138	14890	37.1	2524	62.9
II	仪器					
9	光学	40384	13146	32.6	27238	67.4
10	测量★	43712	29291	67.0	14421	33.0
11	生物材料分析★	2299	1475	64.2	824	35.8
12	控制★	11928	7174	60.1	4754	39.9
13	医学技术	22079	8425	38.2	13654	61.8

---

① 国家知识产权局规划发展司：《专利统计简报》，2013 年第 7 期。
② 国家知识产权局规划发展司：《专利统计简报》，2013 年第 9 期。

续表

技术领域		有效总量	国内		国外	
			有效专利	比例（%）	有效专利	比例（%）
合计		875385	473187	54.1	402198	45.9
III	化工					
14	有机精细化学★	31270	17322	55.4	13948	44.6
15	生物技术★	20515	15267	74.4	5248	25.6
16	药品（含中药）★	34649	27963	80.7	6686	19.3
17	高分子化学、聚合物★	27078	14165	52.3	12913	47.7
18	食品化学★	16615	14505	87.3	2110	12.7
19	基础材料化学★	26189	17372	66.3	8817	33.7
20	材料、冶金★	35223	26583	75.5	8640	24.5
21	表面加工技术、涂层★	15593	8517	54.6	7076	45.4
22	显微结构和纳米技术★	722	489	67.7	233	32.3
23	化学工程★	23340	15270	65.4	8070	34.6
24	环境技术★	14402	10598	73.6	3804	26.4
IV	机械工程					
25	装卸	17690	7127	40.3	10563	59.7
26	机器工具★	25953	16121	62.1	9832	37.9
27	发动机、泵、涡轮机	18722	6594	35.2	12128	64.8
28	纺织和造纸机器	22403	9306	41.5	13097	58.5
29	其他特殊机械★	21111	12579	59.6	8532	40.4
30	热工过程和器具★	15572	9045	58.1	6527	41.9
31	机器零件	18726	8193	43.8	10533	56.2
32	运输	22045	7519	34.1	14526	65.9
V	其他领域					
33	家具、游戏	9853	4313	43.8	5540	56.2
34	其他消费品	13308	5658	42.5	7650	57.5
35	土木工程★	22826	17016	74.5	5810	25.5

注：数据来源于国家知识产权局规划发展司，《专利统计简报》，2013 年第 9 期，标★的是国内有效发明专利占优势的领域。

4. 新兴产业的国内专利增长快于国外，但缺少关键和新技术

2008 年金融危机以来，我国加快发展战略性新兴产业，其发明专利授权量持续增长。2008~2012 年，我国战略性新兴产业发明专利授权量共计 150691 件，年均增长率达 26.04%，高于同期国内发明专利授权总量 23.37% 的年均增长率。2012 年战略性新兴产业发明专利授权量首次突破 6 万件，同比增长 27.07%，见图 1.2。

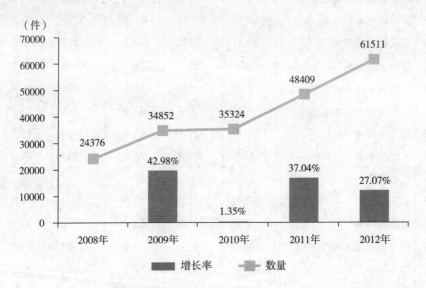

图 1.2　我国战略性新兴产业发明专利授权量（2008~2012 年）

数据来源：国家知识产权局规划发展司，《专利统计简报》，2013 年第 11 期。

发明专利授权量增长最快的行业依次为新一代信息技术产业、节能环保产业、生物产业，见表 1.5。2011~2012 年，新能源产业发明专利授权量增长最快，同比增长 57.83%，其余依次为新能源汽车、新材料、节能环保产业，年增长率分别为 44.31%、35.02%、34.94%，增速高于 2012 年战略性新兴产业的发明专利授权量的年增长率。生物产业、新一代信息技术产业年增长率为 25.64%、21.67%，略低于战略性新兴产业的发明专利授权量的年增长率。高端装备制造产业年增长率最低，仅为 10.09%，明显落后

于国内发明专利授权量的年增长率。

表 1.5　　2008～2012 年七大战略性新兴产业发明专利授权量　　　单位：件

	2008（年）	2009（年）	2010（年）	2011（年）	2012（年）
新一代信息技术	10390	15099	13925	17541	21342
生物	6333	8390	9219	10848	13629
节能环保	4826	7496	7463	9736	13138
新材料	3178	4208	4677	7059	9531
新能源	591	1050	1299	2063	3256
高端装备制造	1243	1798	2113	2596	2858
新能源汽车	212	353	400	1345	1941

数据来源：国家知识产权局规划发展司，《专利统计简报》，2013 年第 11 期。

根据国家专利局的统计，大部分战略性新兴产业的国内发明专利授权量高于国外在华发明专利的授权量。2011 年国内战略性新兴产业发明专利授权数量占全部战略性新兴产业发明专利授权总量的 68.30%，国内的授权量是国外在华授权量的 2.15 倍。七大战略性新兴产业中，节能环保产业、新能源产业、生物产业和新材料产业的国内发明专利授权数量分别是国外在华发明专利授权量的 3.87 倍、3.74 倍、3.55 倍和 2.47 倍，高于 2.15 倍的平均比值，见表 1.6。仅有新能源汽车的国内发明专利授权量低于国外在华授权量。但是动态来看，新能源、生物、新材料产业的国外在华发明专利授权量在增加。

表 1.6　　　　　　国内与国外发明专利授权量的比较　　　　　　单位：倍

	2011 年	2012 年
节能环保	3.87	4
新能源	3.74	3.31
生物	3.55	3.02
新材料	2.47	2.33
高端装备制造	1.79	2.08
新一代信息技术	1.45	1.45
新能源汽车	0.62	0.69

数据来源：国家知识产权局规划发展司，《专利统计简报》，2013 年第 11 期。

5. 高专利密集度产业的发展势头较好，与发达国家有一定差距

随着知识经济的深入发展，知识产权成为国民经济和产业发展的重要竞争力。由于各行业的技术经济特征和技术进步速度不同，各行业的专利密集度①不同。高专利密集度产业的特点是 R&D 支出强度高，新产品比例高和盈利水平高，其发展依赖于创新和知识产权保护。目前，我国国民经济各行业万名就业人员的平均发明专利密集度为 9.47 件/万人，高专利密集度产业平均发明专利密集度为 29.95 件/万人，明显高于低专利密集度产业的 2.42 件/万人②。

通常，高技术产业的技术变化比较快，专利密集度较高。从工业行业看，在 191 个行业分类中，共有 55 个行业发明专利密集度高于平均水平（9.80 件/万人），属于专利密集型行业，占工业类行业总数的 28.8%。其他 136 个行业的专利密集度低于平均水平，属于低专利密集度产业。我国高专利密集度产业 70% 属于通信设备、计算机及其他电子设备制造业、医药制造业、化学原料及化学制品制造业、通用设备制造业、专用设备制造业和电气机械及器材制造业等中高技术行业③。

自 2007 年以来，我国高专利密集度产业增加值年均增长 16.6%，明显高于国内生产总值 11.1% 的年均增长速度，2011 年，高专利密集度产业增加值总量已达到 13.1 万亿元，占国内生产总值比重为 25.1%。2007～2011 年，高专利密集度产业五年平均的 R&D 内部支出强度和 R&D 人员比例分别为 1.01% 和 3.76%，均高于低专利密集度产业的一倍多。同期，我国高专利密集度产业的新产品销售收入占主营业务收入比重一直高于低专利密集度产业，如 2011 年，高专利密集度产业的新产品销售收入占比为 16.89%，超过低专利密集度产业（8.17%）一倍。2007～2011 年，五年平均的高专利密集度产业成本费用利润率为 9.41%，明显高于低专利密集度产业的

①　专利密集度为按照 NAICS 分类，每 5 年的专利总数除以产业的平均就业数。
②③　国家知识产权局规划发展司：《专利统计简报》，2013 年第 3 期。

7.29%。但与美国相比，我国的产业专利密集度差距较大，如美国的产业平均发明专利密集度为 255 件/万人，我国工业平均发明专利密集度为 9.80 件/万人。在美国，专利密集度最高的电脑和外设设备制造业的专利密集度为 2775 件/万人，而我国的通信设备制造业的发明专利密集度为 234.87 件/万人，与美国相差十倍以上[①]。

6. 部分领域从技术追赶走向局部赶超

经过多年的竞争和资金、技术积累，我国部分行业、部分企业的创新能力正在从量变到质变，在部分领域从模仿、追赶者变为同行者，少数领域实现赶超。如，目前中国制造的白色家电产品已超过全球市场的 60%，海尔、格力等行业排头兵的 R&D 强度与国际同行基本相当，产品质量与国外同类产品接近，新产品开发逐步实现与国际同步。在电信系统设备制造领域，华为和中兴经过十多年的努力，不仅生产规模位居世界前列，而且树立了国际品牌，跻身世界同行前五位。目前，我国的高速铁路、特高压输变电等系统技术应用已成为世界的领跑者。

我国少数企业已在部分国际标准中拥有话语权。如，截至 2011 年底，华为加入了 130 个行业标准组织，向这些标准组织提交的提案累计超过 28000 件；在云计算的国际标准制定中，华为成为 DMTF 的 14 个董事成员之一，并担任 IETF 云计算数据中心的 ARDM 工作组主席[②]。又如，国家电网公司在国际电工委员会（IEC）推动创立了高压直流输电技术委员会，我国已在全球率先建立了特高压交流输电技术标准体系，特高压交流电压成为国际标准电压[③]。

---

① 国家知识产权局规划发展司：《专利统计简报》，2013 年第 3 期。
② 华为投资控股公司 2011 年年报。
③ 《中国质量报》，2012 年 11 月 12 日。

7. 专利布局的地区集中度较高，呈现东中西梯度分布

我国的专利申请和授权量相对集中在东部经济发达地区，地区分布差距较大。从专利授权的地区分布来看，专利授权分布呈现集聚态势。2012年，我国发明专利授权中，东部地区 97570 件，占 67.8%；中部地区 15840 件，占 11.0%；西部地区 15769 件，占 11.0%；东北地区 7974 件，占 5.5%；港澳台地区 6694 件，占 4.7%。如图 1.3 所示，在发明专利授权排名前十的省区市中，排名前六的均为东部沿海经济发达省（市），其专利授权占全国 31 个省（市区）发明专利授权总量的 64.8%；中西部地区发明专利授权所占比重虽逐年有所提高，但与东部地区相比，差距仍然很大①。

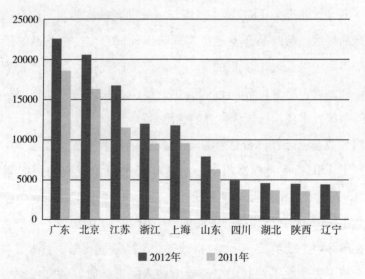

图 1.3　发明专利授权量前十位的地区（2011～2012 年）

创新型城市是创造发明专利的主要力量。除了直辖市以外，发明专利授权量居前十位的省份主要依靠一些创新型城市为重要支撑。如表 1.7 所示，2012 年，发明专利授权量居前十位的副省级城市相对集中在长三角和

---

① 参见甘绍宁在国家知识产权局 2013 年 2 月 21 日上午在京举行的新闻发布会上的发言。

珠三角地区，见表1.7。广东省的深圳和广州市位居第一和第五位；江苏省的南京市、苏州市和无锡市分别位居第三、第四和第九位；浙江省的杭州市位居第二；陕西省的西安市位居第六；湖北省的武汉市位居第七；四川省的成都市位居第八。

表1.7　2012年我国发明专利授权量排名前十位的副省级及以下城市

名次	城市	数量（件）
1	深圳市	13139
2	杭州市	5513
3	南京市	4408
4	苏州市	4382
5	广州市	4026
6	西安市	3475
7	武汉市	3233
8	成都市	3112
9	无锡市	2513
10	长沙市	2182

数据来源：国家知识产权局网站，2012年我国发明专利授权量排名表。

近些年来，我国的有效专利数量持续较快增长。截至2012年底，国内有效专利数量位居前十位的地区是广东、北京、江苏、上海、浙江、山东、辽宁、四川、湖北和陕西。而同期有效发明专利数量排序前五位的地区分别是广东（7.9万）、北京（7.0万）、江苏（4.5万）、上海（4.0万）和浙江（3.6万），其每万人口发明专利拥有量分别达到7.5件、34.5件、5.7件、17.2件和6.5件，远高于全国每万人口发明专利拥有量3.2件的水平。①

①　国家知识产权局规划发展司：《专利统计简报》，2013年第9期。

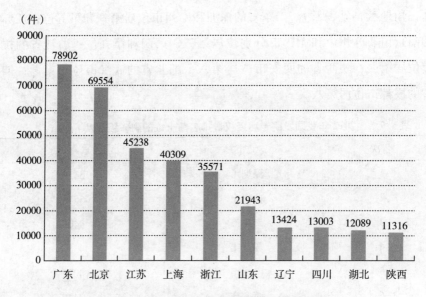

图 1.4　2012 年有效专利数量居前十位的省市

数据来源：国家知识产权局规划发展司，《专利统计简报》，2013 年第 9 期。

2012 年，PCT 国际专利申请超过 100 件的省（市区）达到 16 个，其中，广东（9211 件）、北京（2705 件）和上海（1024 件）位居前 3 名，江苏（915 件）、浙江（639 件）、山东（531 件）、湖南（448 件）、天津（304 件）、福建（266 件）和辽宁（244 件）依次名列第 4 位至第 10 位。广东、北京、上海、江苏、浙江 5 省市的 PCT 国际专利申请量占全国申请总量的 80%[①]。

8. 我国仍是技术和知识产权的净进口国，关键核心技术对外依赖性较大

2006～2011 年，我国累计进口的专有权利使用费和特许费为 640 亿美元，出口额约为 30 多亿美元，净进口额约 600 亿美元，见表 1.8。一些先进装备，特别是关键材料和核心部件等主要依靠进口。

---

① 国家知识产权局规划发展司：《专利统计简报》，2013 年第 5 期。

表 1.8　　2006~2011 年我国专有权利使用费和特许费收支情况　　单位：亿美元

年份	出口	进口	逆差
2006 年	2	66.3	64.3
2007 年	3.4	81.9	78.5
2008 年	5.71	103.19	97.48
2009 年	4	110.76	106.76
2010 年	7.8	130	112.2
2011 年	7	147	140
总计	29.91	639.86	599.24

数据来源：2009 年以前数据来自国家知识产权局规划发展司，《专利统计简报》，2010 年第 14 期（总第 90 期）；2010 年以后数据来自中国人民银行年报。

三、知识产权制度环境逐步改善，实施能力仍需加强

2008 年《国家知识产权战略纲要》（以下简称《战略纲要》）实施以来，我国的各项知识产权工作取得明显进展，战略目标稳步实现。从总体上看，创造、运用、保护和管理知识产权的能力得到不同程度提高，知识产权的保护和管理能力进一步提高，为创造和运用知识产权营造环境。

1. 知识产权制度、政策和市场环境逐步改善

（1）知识产权法律体系不断完善

《战略纲要》颁布后，政策法规建设进程均明显提速，知识产权保护的政策法规体系更加完善。在法制办、知识产权局、工商总局、版权局等部门的推动下，完成了《专利法》等知识产权法律、法规的修改和制定；知识产权局、工商总局、版权局、质检总局、农业部、林业局、海关总署、高法、高检、司法部、公安部等 28 个部门加强了部门规章的制定和修订工作。根据调研组掌握的资料，在知识产权保护方面，2008 年以来颁布、发布、印发的新制定或新修订的主要法律 3 部、法规 4 部、部门规章 45 部。

《专利法》和《商标法》第三次修订分别于 2009 年 1 月和 2014 年 1 月开始实施；2011 年底启动《专利法》第 4 次修改工作。

（2）知识产权司法审判和行政执法能力提高

知识产权司法保护状况得到改善，行政执法在保护知识产权中发挥了积极作用。最高人民法院加强知识产权审判工作，检察机关积极保障创新驱动发展战略，加大知识产权保护力度。民事案件审判量不断增加，结案率有所上升。根据《中国法院知识产权司法保护状况（2012 年）》，2012 年，地方各级人民法院共新收知识产权民事一审案件达 87419 件，是 2010 年的两倍多；结案 83850 万件，比 2011 年增长 44%。同年，新收知识产权行政一审案件 2928 件，比上年增长 20.35%；审结 2899 件，同比增长 17.37%；新收知识产权刑事一审案件 13104 件，审结 12794 件，分别比上年增加了 129.61% 和 132.45%。2013 年，各级地方人民法院审结一审知识产权案件 10 万件，全国检察机关起诉侵犯商标权、专利权、著作权和商业秘密等犯罪嫌疑人 8802 人①。

进一步发挥刑事审判的惩治和震慑功能。2010 年，全国法院审结涉及知识产权侵权的一审刑事案件为 3942 件，比 2007 年增长了 46.87%；新收一审知识产权刑事案件 3992 件，同比上升 9.58%，其中有罪判决 6000 人。

（3）知识产权政策从专业部门逐步融入综合部门

自 2008 年 6 月国务院印发《国家知识产权战略纲要》以来，知识产权工作从专业部门，逐步融入经济、技术、社会、教育等各领域、各部门，形成社会上下齐抓共管的局面，管理水平和效率不断提高。中央各部门、各级地方政府充实知识产权管理队伍和逐步完善工作机制。发展改革委、财政部、科技部、工业和信息化部、商务部、国资委等综合、行业和企业管理部门，运用财政、金融、投资、政府采购政策和产业、能源、环境保护政策，引导和支持市场主体创造和运用知识产权。

---

① 参见第十二届全国人民代表大会第二次会议上全国最高人民法院和全国最高人民检察院的报告。

（4）加强专利审查力量，加快审查速度，逐步提高质量

国家专利局增加专利审查人员，提高审查能力；开展巡回审查工作，设置绿色审查通道，简化审查流程，推出电子申请，完善审查程序。专利审查队伍分布由最初的专利局各部门扩大到各协作中心，截至2012年年底，在岗审查员人数达7300人，审查能力居全球第二位，审查人员较2007年同期将近翻了一番。截至2012年底，发明专利申请的实质审查平均周期稳定在22.6个月，比2007年的26个月缩短了3.4个月，略快于美国；实用新型和外观设计申请的平均结案周期分别由2007年的6.8个月和6.6个月缩短至2012年的4.4个月和2.9个月。商标局制定了《进一步做好商标实质审查工作的意见》，改进商标审查流程，并增加了商标审查辅助人员和评审辅助人员。到2010年底审查周期由36个月缩短至10个月，截至2012年底审查周期仍保持10个月以内。

推进企业提高知识产权创造、运用和管理能力。知识产权局2004年发布《关于知识产权试点示范工作的指导意见》，2008年以来进一步深化试点示范工作，国家级试点企事业单位、示范创新单位、示范单位分别达到1065家、216家、57家。广东、江苏省等部分地区制定企业知识产权管理标准，并开展贯标活动，促进企业知识产权管理规范化。

（5）知识产权服务业快速发展，知识产权服务体系正在形成

专利和商标申请量的快速增加促进代理机构的迅速发展。商标代理机构从2008年的3907家增加到2010年的5678家。截至2010年底，全国共有专利代理机构794家，1.1万多人获专利代理人资格，执业专利代理人6400多人，专利代理行业从业人员2万人。目前，71.1%专利申请由专利代理人代理，80%以上的商标注册申请由商标代理人代理。各类知识产权信息平台建设加速。如，专利检索与服务系统、外观设计专利智能检索系统、全国专利管理信息平台、网上技能培训平台等相继完成。目前，中国国家知识产权局已拥有97个世界主要国家和地区的知识产权机构共9000多万件专利数据，并在上海等地建立了区域信息平台。知识产权培训和教育事业

蓬勃发展。目前，已有八所大学的法律系设置了知识产权本科专业、研究生专业等；一些地区的中小学开展了知识产权普及课程试点。中央各部委、地方政府知识产权管理机构和一些社会机构有针对性地开展知识产权专业培训班。

（6）知识产权市场环境得到改善，各类知识产权交易活跃

技术市场比较活跃，企业是交易的重要主体。2007～2010年，登记的技术交易合同从220822项增加到229601项，合同金额从2226亿元增加到3096亿元，增加了39%。2010年，涉及知识产权的技术合同126268项，占全国的55%，成交额2319亿元，增长27%，占全国的59.3%。企业技术交易合同金额占全部技术交易金额的85%以上[①]。

外国技术转移和外资企业研发活动活跃，我国成为研究开发国际化的重点地区。外国在华知识产权的数量快速增长，特别是发明专利申请和商标注册申请量大幅度提高。外国在华发明专利申请量从2007年的92101件增加到2010年的98111件，发明专利授权量从2007年的36003件增加到2009年的63098件和2010年55343件。截至2010年12月底，外国专利人在华有效专利为390679件，其中有效发明专利为306867件，占全国有效发明专利的54.3%[②]。主要集中在电机、电器、电能，计算机技术，电信、音像技术，光学等高技术领域，其份额占这些领域有效量的70%以上。2008年以来，外国在华的商标注册数量明显加快，突破了多年来4万件左右的年注册量，2008年达到6万件，2009年超过了10万件。

执笔：吕　薇

---

① 数据来源：历年《中国科技统计年鉴》。
② 数据来源：国家知识产权网站，历年专利统计。

第二章 创新驱动发展需要加强知识产权保护

党的十八大提出实施创新驱动发展战略。其核心就是以创新为发展的主要动力,实现经济增长从依靠投资和要素消耗转向依靠技术进步、创新和劳动力素质提高。随着我国创新能力不断提高和知识产权数量大幅增加,保护知识产权成为调动我国创新积极性和保护创新型企业的内在需求,实施创新驱动战略的制度保障。在新形势下,要有效发挥知识产权制度的作用,推进创新驱动发展。

一、运用知识产权制度的能力尚不能满足
创新驱动发展需要

实施《知识产权战略纲要》(以下简称《战略纲要》)以来,我国的知识产权工作取得积极进展。但总体看,创造、管理、运用和保护之间发展不平衡。创造和管理工作的进度与效果明显,而运用和保护任务的推进难度大一些,效果不容易显现,运用知识产权制度的能力不能满足创新驱动发展的需要,主要表现在以下几个方面。

1. 缺少具有核心技术的知识产权已成为制约提升我国产业竞争力和持续发展的软肋,知识产权贸易逆差加大

在高新技术产业,外国公司的知识产权占绝对优势;在一些加工制造能力较强的行业,则因缺乏知识产权而竞争力不足。大部分企业尚未成为创造和运用知识产权的主体,缺少拥有自主知识产权的核心技术。目前,

我国对外国技术和知识产权的依赖程度较高，知识产权贸易逆差逐年增加。如，专有权利使用费和特许权费进口支出额从 1997 年的 5.4 亿美元增加到 2013 年的 201 亿美元，翻了近 40 倍，累计收支逆差为 1181 亿美元；2007 ~ 2013 年累计差额为 913 亿美元。1997 ~ 2013 年，进口电影音像累计收支逆差为 18 亿美元①。这一方面反映随着我国的知识产权保护环境得到改善，外国知识产权所有者的信心增强，与知识产权有关的知识密集型服务贸易数量快速增加；另一方面也说明我国对国外技术和知识产权密集型产品的依赖程度较高，国内知识产权的竞争能力较弱。

2. 知识产权数量增长较快，但质量亟待提高

目前，我国发明专利申请量和商标申请量居世界第一位，但代表较高创新水平的国际专利和知名商标数量少。随着专利的重要性被社会各界所认识，各级政府将知识产权数量，特别是专利数量纳入业绩考核指标，知识产权数量成为认定高技术企业和创新型企业的重要标准之一，高校和科研机构职称评审与评奖时都强调专利数量，许多地方政府、高校、科研机构给予专利申请补助和奖励。数量导向的政策促进专利申请和授权量猛增，导致一段时间内专利数量的虚增和质量下降，由于审查资源有限，真正有价值的专利申请被延误授权。有些个人和公司甚至靠专利申请补助盈利。欧洲中国商会的一份研究报告认为，低质量的专利影响创新和应用。

3. 对知识产权的价值认识不足，知识产权保护力度不够

知识产权的价值在运用和保护中得以实现。运用知识产权包括产业化应用、交易和战略防御等。知识产权申请和维护费、诉讼成本和侵权处罚力度等反映了保护知识产权的成本。目前，影响我国知识产权价值的主要

---

①　数据来源：国家外汇管理局网站，《中国国际收支平衡表》。

问题如下。一方面，缺乏对知识产权的评估体系，知识产权的价值得不到充分认可。特别是许多行业低价无序竞争，产品价格不能反映知识产权的价值，出现了有钱交外国的反倾销税，无钱进行创新投入的现象。另一方面，因惩罚力度不够、执法水平不高和人力有限，以及地方保护主义等问题，导致侵权成本低，企业维权成本高，赢了官司赔了钱，严重地影响了国内企业的创新积极性。目前，假冒侵权案件95%以上发生在国内企业之间，创新成果得不到应有保护，挫伤了企业、个人的创新积极性。

4. 重创造、轻运用，大学和科研院所的成果转化率较低，有限的知识产权资源利用效率不高

目前，高校和科研院所的科研成果转化率低，主要原因是缺乏有效的引导机制和相关专业人员。首先，国家科技计划和公共机构的成果转移机制不健全。为了促进成果转化和转移，2002年财政部和科技部出台了"国家科技计划的成果管理办法"，规定国家科技计划的研究成果归项目承担单位所有。但在具体管理中，缺乏成果转移责任、监督和考核机制。特别是近些年一些大学和科研院所的研究经费比较充足，科研人员转化、转移科研成果的动力减弱。其次，缺少专业知识产权管理和技术转移机构和人才。近些年来，我国的一些大学和科研院所也成立了技术转移办公室，但工作人员大都是行政转岗人员，缺乏知识产权和技术专业背景，主要负责专利申请和技术转移的审批盖章。而专利申请和技术转移基本上由研究人员自己负责，而大部分研究人员不熟习和擅长这方面工作。结果，高智公司在中国搜集专利，用很低的价格将一些大学和研究机构的成果以合作研究的形式，窃为己有。中国科学院上海生命科学研究院知识产权管理中心（上海盛知华知识产权服务有限公司）从海外引进了知识产权的领军人才，集聚了一批国内外相关人才，采取特殊的激励机制，开展大学、科研院所的知识产权管理服务，并取得了一些成功的案例。尽管上海中科院生命研究所给了该中心自主权和激励机制，一个中心两块牌子，但

仍然是试点，没有稳定的制度保障，其治理结构和运行机制还在探索中。其面临的主要问题：一是国内人才不足，缺少具有知识产权管理经验的复合型人才。二是需要长期资金支持，由于专利运作需要从发现、培育到商业化的过程，期间需要占用较多资金，目前国内的风险投资大都进行短期和发展期的项目投资，追求短期回报率。三是治理结构和运行模式尚有待制度保障。

同时，企业也有大量专利未实施利用。一方面，因为缺乏转化资金，或用于防御战略；另一方面，则是因为专利质量低，或为考核、认证用申请了一些无实用价值的专利，导致资源浪费。

5. 知识产权审查和授权标准基本与国际接轨，但实施经验不足，与创新模式多样化和产业竞争需要有差距

总体来看，我国现行专利法规定的专利审查程序和授权标准基本与国际接轨，存在的主要问题是执行过程中审查员经验和能力不足。近些年来，我国专利审查员队伍增长较快，大部分审查员是应届毕业生，缺乏实践经验，而且审查员的专业知识单一，大都只有专业技术背景，缺少专利知识，不熟悉产业竞争态势等。因此，在实际工作中，宽严尺度把握不准。企业反映现有的审查和授权标准还不适应新业态和新技术的要求。同时，我国对在国外提出的 PCT 申请来我国落地不再审查，不利于国内企业创新和专利申请。

尽管我国专利代理机构和专利代理人数量不断增多，但总体上看，我国专利代理行业的发展与知识产权事业、国家经济社会发展的需求有较大差距，专利代理人的数量和质量还不能满足市场需求。目前，我国的专利代理与专利律师分业经营，行业监督管理制度不完善，专利收费以计件为主，服务质量不高，甚至存在弄虚作假的现象。专利代理人的资格重学历要求，考试内容相对简单，实习期较短。

6. 与国际相比，我国专利保护的主要问题是处罚力度较轻、办案透明度和水平有待提高

目前，我国的知识产权案件诉讼费低、判案周期短，都优于发达的市场经济国家，举证程序也与大部分国家相近。如，我国的专利诉讼费用远远低于欧美国家，结案周期也比欧美和印度等国短，谁主张谁举证的模式与欧日韩等国接近。近些年来，我国增加了专利审查人员，加快了专利审查和授权的速度。2011 年，我国发明专利的审查速度为 23 个月，实用新型为 4.7 个月，外观设计为 2.6 个月，发明专利审查速度已略快于美国。但是，在调查中，一些创新企业反映，知识产权保护不能满足创新的需要，主要是维权成本高，侵权成本低。实际上，大多数当事人最不满意的是执法过程不够透明和地方保护问题，以及打赢了官司赔了钱。

7. 我国优势企业走出去遭遇知识产权的竞争，从被动挨打转向主动出击

一方面，国际上跨国公司用知识产权保护市场，我国企业，特别是高技术企业和具有竞争力的企业走出去经常遭遇各种知识产权的诉讼。如爱立信诉讼中兴、思科诉讼华为等等，美国的 337 调查也主要是针对我国一些具有市场竞争力的行业和企业。另一方面，我国企业在国际知识产权竞争中，逐步从被动挨打转向主动应战。一些行业企业积极应对美国 337 调查，并部分取得胜利；我国的华为、中兴等企业积极申请国际专利，主动向竞争对手提出专利侵权诉讼。如华为将部分专利放入国际标准组织，以此换取低价使用其他跨国企业的专利。华为与爱立信、诺基亚、西门子、北电、高通等公司均有专利交叉许可，2008 年支付许可费 2 亿美元，却赢得了 200 多亿美元的订单。

企业反映，我国的一些涉外管理制度不能适应新形势的需要。如，我们的一些部门批文属于保密文件，不能作为海外应诉的证据，等等。

8. 政策以考核、补贴和税收优惠为主，体制机制建设缓慢

目前，我国高新技术、创新型企业的评选标准中，都规定了知识产权数量和 R&D 强度指标，特别是专利数量指标，而且高技术企业和创新型企业的认定与税收和获得项目资助挂钩。一方面，这种数量考核可以激励企业大量投入 R&D 支出和申请专利；另一方面，数量导向政策也产生了一些负面作用，即部分企业不是利用知识产权提高竞争力，而是把知识产权作为取得政府税收减免的工具，非但没有促进企业创新，反而给了部分企业"寻租"机会。结果，导致专利数量的虚增和质量下降。目前，国内专利侵权案件的胜诉率不足 50%，主要原因之一是现在许多专利并不符合授予专利的要求。

9. 企业对知识产权保护的呼声强烈

在调查和座谈中，企业反映现行专利制度和执行中存在一些不利于创新驱动的问题，主要表现在以下几个方面。一是专利保护不足，导致专利价值低，不利于鼓励企业创新。一些创新型企业反映，目前维权成本高，侵权成本低，主要表现在诉讼程序复杂、周期长、调查取证难，最终能够获得的赔偿额太低，通常是赢了官司输了利益。二是处理纠纷的标准不统一、过程不透明，企业无法形成明确的预期。按现行规定，专利侵权的诉讼可以由侵权地或者被告所在地人民法院管辖，有些案件异地提起诉讼，审判标准不统一和处理纠纷不透明，给地方保护留下了操作空间，增加了诉讼的不确定性。尤其是跨省维权，维权成本更高。三是专利审查与行业发展联系不紧密，专利基础信息供给不足。近些年，我国的专利申请审查期缩短，但各行业的专利授权速度没有明显区别。因不同行业的技术变化速度不同，需要根据行业技术变化特点和竞争态势掌握审查和授权速度。如，韩国、日本、美国等对一些快速变化或本国有优势的行业实行专利审查快速通道。四是一些企业反映，发明人奖励、强制许可等政策不应干涉

企业自主运行。一方面，有些正在准备的法律修改和政策调整试图规定对专利发明人的奖励数量或比例，这不符合专利技术产业化的规律。有的企业认为，从专利到产品开发和技术产业化应用，还需要许多投入和过程；一项专利很难形成一个产品，需要多项技术的集成，往往很难计算出一项专利的作用和收益。同时，大部分企业对雇员的发明都有事先合同约定，在市场经济条件下，企业应利用市场机制开展人才竞争。如果企业的激励政策不到位，人才可以采取"用脚投票"。从国际经验看，相关法律一般是明确知识产权权属和发明人有获得技术专利收益的权利，但并不对产业化应用和许可收入的比例作明确的规定，通常仅规定政府机构或政府资助的成果转移的收入分配比例上限。另一方面，专利不仅用来创造新产品和工艺，不少企业通过制定知识产权战略，灵活运用知识产权制度，把专利用于防御性用途和进攻性用途。因此，过度强调专利实施会干扰企业的专利战略。从国际情况来看，通常专利强制许可主要用于影响公共利益的领域，如医药行业，并且有一定约束条件。目前，我国企业的专利实施率不算低。根据《2011 年中国专利调查报告》，2005～2010 年，我国国内专利实施比例均为 60% 以上，2010 年我国国内专利的产业化率为 35.7%，其中企业为 51.1%。而美国私营企业的专利产业化率为 48.9%，日本为 51%。

二、国际上知识产权保护的新动向

随着经济全球化和知识经济快速发展，知识产权等无形资产成为世界财富增长的重要来源。各国特别是知识经济比较发达的国家加大知识产权的保护，知识产权保护呈现新趋势。

1. 通过国际合作加大保护力度，推进知识产权保护全球化

近些年来，标准和保护的国际化、区域化趋势明显。例如，WIPO 修改

打击假冒侵权的协议，加强打击力度，其中许多协定是针对中国等发展中国家的。2011年，欧盟颁布了《建立统一专利法院协定和法令草案》。根据该草案，欧盟将建立统一专利法院，并适用于所有的欧洲统一专利，该法院由一审法院、上诉法院及登记处组成。一审法院将包括一个中央级别的法院和若干个成员国地区法院。巴黎顺利成为中央法院所在地，英国和德国成为中央法院分院。在知识产权审查、授权等方面，建立各种多边和双边合作协议等。美国实行知识产权专员制度，在美国驻外使馆设立知识产权专员，负责向其他国家施加压力，在当地推进与美国相似的知识产权保护。

2. 严格审查和授权标准，提高质量和效率

2004年世界知识产权组织成员国大会上，美欧日等国提出要求对现有技术定义、宽限期、新颖性和创造性等问题进行讨论，并统一标准，不断推动。联邦法院针对美国商业模式专利的泛滥，改变了对商业模式专利侵权的审判标准，趋于更严格。2013年，《专利合作条约》（PCT）联盟大会第四十四届会议第19次例会讨论并通过了PCT实施细则部分条款的修订草案，修改的主要目的是提高审查质量和效率，创建一个更为友好与高效的申请体系，通过充分合作与资源利用来提高审查质量和避免重复劳动。主要修改内容有两项。一是强制性扩展检索，目的是提高国际初步报告的质量，充分利用国际资源，减少国家阶段的重复审查工作。二是自国际公布之日起国际检索单位做出的书面意见可为公众获得，目的是增加PCT程序的透明度，使得申请人以外的关系人及时了解案件的审查结论，更好地利用检索结果。

3. 提高知识产权制度的效率和降低成本

如2010年，美国对专利法进行了修改。从修改条文看，这次美国专利法的修改大多是工作层面的，其主要原则是提高专利制度的效率和专利质

量。一是便于实施、降低申请审查成本和减少裁决纠纷。如取消了最佳模式信息披露，为了方便申请人和缩短审查周期，美国议会通过 S. 23 法案，支持美国商标专利局在专利申请较多的地区设立专利分局和办事处。二是提高质量和控制数量，如提高收费标准和严格审查标准。三是为鼓励尽早公布技术，以申请优先的原则替代发明优先的原则，有利于要求发明人早一些公布技术。美国专利商标局为了促进专利尽早公开技术和尽快产业化应用，对要求快速授权的专利申请，加收 6000 美元，保证在 12 个月内完成审查。四是针对阻碍创新的一些专利运营活动进行调整。如，扼制专利海盗阻碍创新。目前，美国有些机构专门收集专利，并起诉一些开展产品创新的企业，收取专利费。因此，修订案加强对在美国本土申请专利池的审查，专利海盗诉讼前，让发明人知情等。五是重点保护产业化阶段的知识产权。通常，为了促进技术的扩散和应用，在知识产权保护时，研究阶段的专利保护较弱；而在产业化阶段，专利的价值已经形成，因此，对该阶段专利侵权的处罚较重。

4. 知识产权资产投资正在兴起，逐步形成新产业

由于许多发明成果长期搁置，不能实现产业化和商业化应用，造成了研发资源的浪费。目前，一批独立于产业资本、专门经营专利的投资与咨询公司正在兴起。如"高智发明"公司等以盈利为目的，收购专利，对可应用的发明活动进行投资。这一行业是由专业的专利发现者、包装者、评估师、保险公司、金融商、销售代理人员以及其他相关参与者组成的产业链条，需要由专业人士组成的队伍来管理运作一个有效的资本市场。发明资本投资与风险资本及私人股权投资之间的最大区别是，风险投资主要投向提供产品和服务的实体经济，而发明资本投资主要投向专利和应用研究活动，通过专利和技术许可来盈利。与实体经济的风险投资相比，发明创造产生财富所需时间更长，风险更大。典型的风险投资或私募股权基金一般维持 10 年，取得投资回报的时间为 5 年。而发明资本基金投资则需要更

长的时间，通常花 5 年的时间进行专利组合投资，然后不断进行许可，可以持续 25 年之久，直至全部专利权到期，因此，发明资本投资的不确定性和风险更大。这一行业的发展可以让应用研究成为一个有利可图的活动，吸引更多的私人投资，促进科研成果产业化应用和创新。但如果使用不当，可能抑制企业创新和阻碍产业发展。如，有些公司专门收购一些小专利，起诉一些有创新产品的实体企业。这类公司被称为专利海盗。

5. 滥用知识产权呈现新特点

以前的滥用知识产权大部分发生在知识产权许可领域，如捆绑许可、排他性许可，以及形成垄断价格等等。近些年来，出现知识产权资产经营公司打击实体企业创新的现象，即专利海盗、商标海盗等。如，美国 320 家企业的 4300 多起诉讼案件多数与海盗专利有关；联想公司在美国 18 起专利诉讼案中，17 起与专利海盗有关。目前，一些国家加强了对专利海盗的监管。美国出版了针对专利海盗的司法指南，限制滥用知识产权。如，为了防止无创新的非实体公司靠诉讼获利，诉讼方必须提出实质性损失的证据；为阻止一家公司一次起诉多家小公司，规定一次诉讼案只能对一家企业提出诉讼等等。在韩国，有些中小企业未对正在使用的商标进行注册，而一些经纪人注册类似或相同的商标，并提出诉讼来获取侵权索赔，迫使一些中小企业为了继续使用自己的商标而支付赔偿金。为了保护中小企业的商标，韩国修改商标法，约束这种滥用商标的行为。即持续使用一个在注册前即拥有相关使用实施的商标，即可使获得注册的这种商标不具备法律效力[①]。

6. 新技术和新商业模式的出现，知识产权保护面临新问题

信息技术、生物技术、互联网技术和服务业的发展对专利保护提出了

---

① 中国知识产权研究会："韩国商标法修正案将使小企业的商标免遭滥用"，《知识产权竞争动态》，2012 年第 13 期。

新的要求。如，基因技术、软件是否可以授予专利，引起争论。随着数字技术和新媒体技术的发展，网络知识产权和版权出现了新的侵权形式，服务业的商业模式创新增加，但更易于模仿，等等。目前，网络数字媒体的侵权案和商业模式的模仿案较多，但是，维权缺乏相关的法律依据。

7. 跨国企业之间的知识产权竞争升级，专利纠纷频繁，涉及面广

近些年来，跨国公司之间利用知识产权争夺市场的竞争加剧。由于技术进步加快和技术的复杂性增加，通常需要多个专利技术进行有效集成才能制造最终产品。如，与计算机微处理器有关的专利有 9 万多个，分别由 1 万多个权利人所有。半导体芯片领域，各国企业部署了数十万个专利，形成了专利丛林。因此，许多公司的技术和专利是你中有我，我中有你。在市场竞争中，大型公司之间往往利用知识产权打击对手。如美国的苹果公司诉三星，就是因为三星手机对苹果手机构成了严重的威胁。新形势下，许多企业申请专利不是为了保护自己的创新技术和产品，而更多地成为应对竞争对手起诉的防御工具和交换技术的手段，甚至用来打击他人创新，从而导致了一些研发资源的浪费。目前，欧美的理论界又开始讨论专利过度保护导致部分知识产权阻碍了竞争和创新。

保护本国市场，知识产权审判实行双重标准。如，苹果案和三星案，明显保护苹果手机。美国对专利海盗的政策主要是打击本国内的海盗专利，对跨国的专利池和海盗专利放宽标准。

8. 加强探索涉及公共利益的知识产权保护

涉及公共利益和共享技术的专利主要包括以下几方面：涉及公共健康的医药技术、影响环境的节能环保技术，以及遗传资源和传统知识等区域性共同财产的知识产权保护等。发展中国家希望强化对传统知识的保护，但仍在探索保护模式，制度有待进一步完善。

9. 知识产权保护问题成为中美、中欧战略对话的主要议题之一

金融危机以后，欧美等国调整经济结构和发展模式，一方面加大对新技术产业的投入，另一方面提出再制造的战略。进一步加强贸易保护，把加强知识产权保护和"双反"作为扼制中国出口的主要措施。在中美、中欧战略对话中强调中国的知识产权保护问题。如，对自主知识产权的保护、提高知识产权侵权的赔偿额度和刑事处罚，以及公平执法等问题。一些发展中国家也加大了对中国出口的假冒侵权产品的打击力度。美国贸易代表办公室发布的《特别301报告》再次将中国列入全球10个"重点观察"国家名单。

三、加强知识产权保护是实现创新驱动发展的重要制度保障

我国正处于转变经济发展方式的关键时期，从要素驱动发展转向创新驱动发展的战略转型期，党的十八大提出实施创新驱动发展战略。实施创新驱动战略的内涵就是以技术进步和创新为经济发展的主要动力，实现经济增长由依靠增加物质资源消耗向主要依靠科技进步、劳动者素质提高、管理创新转变，促进科技创新与经济社会发展紧密结合。

1. 创新驱动发展和产业转型升级对知识产权制度提出新要求

（1）实施创新驱动发展战略，需要进一步发挥知识产权制度激励创新的作用

经过30多年的高速增长，我国已经成为世界第二大经济体和中等收入国家。目前，我国经济正在从高速增长转向中速增长阶段，随着要素成本的普遍上升，经济增长从依靠要素投入转向依靠效率提升，科技进

步和创新成为加快转变经济发展方式的重要支撑，创新成为产业转型升级的重要驱动力，知识产权对鼓励和促进创新的作用进一步凸显。

（2）产业转型升级需要提高自主创新能力，掌握核心关键技术及其知识产权

我国的产业发展正处于转型升级阶段，知识产权对产业升级的支撑作用加大。长期以来，我国产业技术来源以跟踪学习和引进技术为主，对保护知识产权的要求不高。经过多年的积累，我国的产业发展经历了从生产能力追赶到技术追赶的过程，产业技术进步从模仿制造、引进技术到引进技术消化吸收与自主研发结合。特别是21世纪以来，我国的科技投入持续快速增长，产业技术进步加快，企业创新能力逐步增强。随着部分行业从中低端制造转向中高端制造，部分领域从追赶进入局部赶超，少数领域进入世界前列；一批创新型企业与跨国公司同台竞争，国际竞争加剧，引进技术的难度增加，产业技术升级将更多地依靠自主创新。因此，迫切需要提高自主创新能力，掌握核心关键技术及其知识产权。

（3）提高企业创新动力需要加强知识产权保护

我国企业科技投入增长较快，在市场引导下，企业以自主研发、技术改造、技术引进、购买国内技术等多种方式进行创新。随着企业创新能力不断提高，知识产权数量大幅增加，对知识产权保护的意识和需求增强。在调查中，创新型企业和行业优势企业普遍反映需要加强知识产权保护。特别是在战略性新兴产业领域，通信技术等行业的技术变化加快的领域，以及互联网等一些新业态发展，包括商业模式和方法创新等，对知识产权保护提出了更高要求。

2. 实现知识产权保护战略思路的转变

目前，我国正处于建设创新型国家的关键时期。随着技术创新模式升级，我国知识产权发展也进入战略转型期。从数量上看，我国已经成为知识产权大国，但从知识产权质量和运用知识产权制度的能力来看，我国还

不是知识产权强国。从知识产权数量大国走向知识产权能力强国，必须实现战略转变。即知识产权创造从追求数量向提高质量转变，从以改进型专利为主向增加核心专利转变；知识产权管理从抓立法向加强实施转变，从抓指标考核向加强服务和提高效率转变；知识产权运用从以要政策为主向提高产业化应用能力转变，从单一战略向多元战略转变；知识产权保护从被动保护向主动保护转变，从弱保护向提高保护强度转变；知识产权政策导向从激励创造转向创造与应用相结合，从优惠政策为主转向加强机制导向，培育公平竞争的市场环境。

根据中国的发展阶段和创新模式，适时调整知识产权制度和政策。目前，我国的创新和知识产权竞争态势呈现以下特点。一是以渐进式创新为主。我国的技术发展进入从引进技术和跟踪模仿转向引进技术消化吸收再创新和自主研发创新相结合的阶段，企业创新以引进技术消化吸收再创新和集成创新为主，原始创新较少。少数行业排头兵企业具有创新能力，在技术和产品上，与世界及跨国公司同台竞争，但大部分企业还处于跟踪、模仿和引进技术阶段。二是发展战略性新兴产业大部分是通过引进技术消化吸收，在制造环节形成性价比优势，但是缺少核心技术和核心知识产权。三是企业走出去面临知识产权的竞争和挑战。我国企业正在从产品走出去向产品和投资走出去相结合，面临更加激烈的国际知识产权竞争，企业需要掌握国际知识产权竞争的规则和能力。四是行业的知识产权发展和竞争差别较大。如高技术行业的技术变化较快，知识产权竞争比较激烈，中低技术行业的技术变化相对慢，知识产权竞争相对缓和。由于发达国家的传统制造业向发展中国家转移，我国的传统制造业既有制造能力也有较好的技术基础和配套能力，我国传统产业的创新优势高于高技术行业。五是地区间运用知识产权制度的能力发展不平衡。专利数量的区域分布与地区的科技投入密切相关，主要集中在北京、上海、江苏、深圳等经济比较发达、科技力量和创新要素比较集中的地区。六是我国正在从学习、熟悉、遵守国际知识产权规则阶段，逐渐走向参与和推动国际规则制订。既要保护好自己的知识产权，又要尊重人家的知识产权，根据国际规则建立和谐的商业环境（宋柳平，2009）。

3. 完善知识产权制度应处理好的几个问题

知识产权制度是一把双刃剑，用得好将会促进创新，用得不好可能会抑制创新，因此，要以创新驱动为目标，从产业发展阶段、竞争态势和企业创新能力几个角度出发，权衡权力人与社会整体成本效益，注意处理好几个关系。

（1）保护知识产权的强度与激励创新和增强产业竞争力的关系

近些年来，我国企业的创新能力有了较大提高，企业专利数量快速增加，但大部分集中在少数排头兵企业。因此，知识产权的保护强度是满足创新企业的需要，还是以大部分跟踪模仿企业为基准，是一个需要权衡的问题。一方面，从国际经验看，创新型企业服从"二八"定律，即大部分专利集中在少数企业手中，少数企业进行突破性创新带动社会技术进步。我们在调查中发现，行业排头兵企业和创新型企业都强烈要求加强知识产权保护。若不加强知识产权保护，必将影响国内创新型企业的发展，还会导致大部分企业抱着侥幸心理，依赖模仿而不愿进行创新，企业的创新能力和积极性难以提高。另一方面，尽管我国大部分行业的创新型企业与国际领头企业的差距在缩小，但仍处于技术追赶阶段，且各行业企业的创新能力和技术水平差别较大，知识产权的作用不同。有关统计结果表明，在技术累积效果明显、研究开发投入大、风险高、设备通用性强的行业，专利保护对促进创新的效果比较明显。例如，在生物、医药、化工和IT等行业，专利保护对促进创新、增加收益具有比较明显的效果。同时，在规模效益比较明显的领域，知识产权将为市场份额较大的企业带来更多超额收益。如，商标保护对市场占有率较高的企业带来明显的效益，大规模市场会分摊R&D成本和获得较多的专利回报等。目前，我国保护知识产权已经不仅是迫于遵守国际规则和保护国外知识产权的需要，更是为保护我国创新型企业和优势企业，促进转型发展的需要。

因此，应以激励创新为目标，从被动保护转向主动保护，提高知识产权保护强度，满足创新型企业的需要；在考虑国内行业竞争优势和企业创新特点的基础上，确定知识产权保护重点。

（2）知识产权数量与质量的关系

我国发明专利申请量已经成为世界第一，但质量有待改善。目前，国内评价专利质量的指标主要包括：发明专利申请（授权）数量占专利申请（授权）的比例，PCT专利数量、美欧日三方专利数量，以及专利的维持年限和被无效的专利比例等。根据上述标准，2012年我国国内发明专利申请占全部申请的25%左右，其余均是实用新型专利和外观设计专利，而国外专利申请中发明专利占比为86%。我国居民申请美日欧三方专利的比例较低，不到2%。截至2012年底，我国有效专利中一半以上（55.3%）维持年限低于5年，尤其是大学的专利维护周期基本上是3年，而国外有效专利的这一比例只有13.6%。

国际上通常用专利的价值（一国专利许可收入与支出之比）、专利的覆盖面以及专利被引用次数等指标反映专利质量。汤森路透公司根据专利指标评选"全球创新力100强企业"时，不仅考察企业的发明专利数量，还要考察企业专利申请成功率、专利组合全球覆盖范围以及专利影响力，同时参考企业的财务指标。根据这类标准，我国的专利许可收入与支出之比远低于发达国家。2011年，我国的专有权利使用费和特许费收支的逆差为140美元，收入与支出比为4.7%。2012年，发明专利授权量是申请量的40.5%。

综上所述，我国的专利质量有待提高，须从注重数量转向数量与质量并举，更重视质量。

（3）知识产权价值与维权和侵权成本的关系

专利价值主要由两个因素决定：一是专利本身的技术含量和商业潜力，二是专利保护的成本效益。目前，人们往往关注第一个因素，而忽视了第二个因素对专利价值的影响。通常，专利价值与维护成本和侵权成本成正比。只有当侵权成本远远大于侵权收益，而维权收益大于维权成本时，才能有效打击侵权行为，鼓励创新。维护成本分为两类：一是专利申请费用和年费；二是维权成本，即防止和打击侵权的成本。前者是调节知识产权数量和质量的政策工具。在知识产权数量较少的阶段，为了鼓励知识产权的数量，专利申请费用和维护费用可以低一些。在专利申请量较多、质量不高的情况下，可以通过适当提高申请和年费标准，减少申请量，促进提高专利质量。与发达的市场经济国家相比，目前，我国的专利申请和维护费都比较低，甚至各地还对专利申请给予补贴，诉讼费用也远低于发达国家，因此，申请专利的数量较多。同时，企业反映我国的维权成本高，侵权成本低，主要原因是举证比较困难，侵权赔偿过低，导致不少企业赢了官司赔了钱。特别是部分地区存在地方保护主义，执法不严。因此，在专利数量快速增加，侵权案件较多的情况下，应通过适当提高专利收费，减少补贴，加大侵权处罚力度来提升专利的价值。

（4）保护知识产权与限制知识产权滥用的关系

保护知识产权的目的是建立公平竞争的市场秩序，促进创新和技术进步。但是，如果过度强调权利人的利益，过宽保护，将阻碍技术扩散和利用，不仅会导致市场垄断和削弱企业自身的技术创新动力，而且会抑制其他企业的创新活动和损害广大消费者的利益。有关企业知识产权战略的研究表明，在发达的市场经济国家，现在越来越多的企业申请专利不是为了防止他人模仿自己的发明、保护新产品和新技术，而是用于防止竞争对手进入某一技术领域和阻止竞争对手的研发活动。目前，国际上一些企业过度依赖诉讼，使企业疲于应付，耗费了大量时间和资金。特别是一些专利海盗，用一些低质量的专利打击实体企业创新，导致专利滥诉，浪费司法资源和企业的诉讼费用。因此，要利用反垄断的措施抑制滥用知识产权的行为，特别要研究滥用知识产权的新情况新问题，采取针对性措施。如，美国的发明法修改案中已经采取相应措施。

（5）创造专利与运用专利的关系

创造专利包括发明创造和获得发明创造成果的知识产权确认，创造专利的最终目的是获得专利的价值。创造专利并不等于创新。技术创新包括发明创造、技术成果的产业化应用、商业化和扩散的全过程。专利价值链包括创造、流动、实施应用等环节，专利的价值是通过交易和产业化应用来实现的，贯穿在创新过程中。创造专利仅是实现专利价值的第一步，专利技术只有走向市场，获得产业化应用才能实现价值。

专利技术产业化应用是一个复杂的系统工程，需要多项技术集成，还有较多后续投资和转化工作，涉及企业、高校、科研院所、中介机构和个人等多个主体。因此，专利技术的产业化应用是一个较长期的过程，需要继续开发、资本市场、专利保护等配套条件和政策。

目前，我国专利的运用有几种形式：一是运用于产品和服务中，直接产业化应用，创造价值。二是通过专利交易实现价值。三是不实施专利，而是运用专利制度规则，扼制竞争对手。四是为了应对各种政府考核，并未实现专利自身价值，而是通过申请职称、获奖或税收减免等获得收益。前两种专利运用有助于技术进步和生产力发展，第三种会给企业带来效益，但可能有碍于创新。第四种具有中国特色，失去了专利本质作用。因此，在政策上应该鼓励前两种专利运用。既不能把专利数量作为考核指标，也不能片面考核专利实施率，采取强制许可的方式提高实施率，而应让企业根据竞争需要和成本效益原则来选择运用专利的战略。

（6）发明资产运营与专利海盗的关系

目前，发达国家出现了一些专门经营专利等知识产权资产的公司，形成了发明资产运营产业。发明资产运营是知识经济时代一种商业模式创新和新兴产业，对促进成果转化和技术利用，具有积极作用。但有些发明资产运营公司以低价收购研究成果，专门用来起诉实体企业，以获得高额赔偿，阻碍了一些实体企业的创新，被称为"专利海盗"。发明资产运营与专利海盗的本质区别在于，专利海盗有两个基本特征：一是自身没有研发专利或制造专利产品的纪录，而是以低价从他人手中购买专利，以专利授权为生；二是自身并无实施所持专利的意图，不提供任何专利产品，而是主要向被指侵权者主张权利，索要巨额赔偿。

2008年，美国的发明运营公司"高智发明"公司进入我国后，各方面反应不一。一方面，有人认为这是一种新事物，值得借鉴和利用。有的大学还主动与其签订合作协议。另一方面，有人认为高智公司是专利海盗，把我国一些大学、科研院所的研究成果，特别是一些获得国家科技计划资助的研究成果窃为己有。实际上，高智公司的最大问题是利用附加条款，以委托合同的方式获得科研成果，剥夺了中方机构或个人对知识产权的所有权（纵刚，2012）。出现这类问题的主要原因是我国知识产权管理制度不健全，管理存在漏洞。一是国有大学和科研院所的科研成果管理制度不健全；二是大学和科研院所缺少专业的技术转移机构和人才，科技成果转化和转移靠科研人员自己，而科研人员又缺乏这方面的经验和法律知识。

因此，我国应积极培育和发展专业知识产权运营机构，同时，要规范市场秩序。重点加强两方面的规制。一是加强大学和科研院所的知识产权管理制度和技术转移规范，防止用欺骗的手法获得专利。二是要加强规制，防止滥用知识产权。借鉴美国、韩国等国际经验，限制专利海盗对实体经济创新的不良影响。

（7）政府和市场的关系

知识产权法规主要是通过给予权利人一段时间的排他权利，使其在市场上盈利。一方面，知识产权的竞争是商业利益的竞争，权利人在申请、交易和运用中都是根据成本效益原则来决定，因此，知识产权创造、保护、管理、运用应遵循成本效益原则。另一方面，尽管知识产权的竞争是商业利益的竞争，但最终会影响到国家的竞争实力。因此，美国政府通过制定法律、外交手段等，利用一切机会保护本国知识产权在海外的利益。

目前，我国各级政府主要靠考核、补贴和优惠政策鼓励企业创造知识产权。如，许多地方政府对专利申请给予补贴，导致一些个人机构或企业靠申请专利获得补贴盈利；高技术企业的标准中，要求一定数量的专利、版权和商标，一些企业为了获得高技术企业的减免税，去申请或购买一些低质量的专利。因而社会上出现为了专利而专利的现象，将知识产权作为获取政府补贴的工具，而不是进行市场竞争的手段。

因此，要厘清政府与市场的界限。政府管理部门的主要任务是创造良好的知识产权制度环境，加强知识产权保护，为企业和市场主体提供更多更好的服务，包括法律法规体系的建设，知识产权政策环境的培育，宣传、教育、培训和扶持知识产权服务业等。具体的知识产权创造和运用应由权利人根据成本效益原则和市场竞争需要自主决策。政府要多用法律、制度、标准和发挥市场机制作用，引导和约束市场主体的行为，少用考核、评比和补助的方式去鼓励企业增加知识产权数量，干预企业决策。

(8) 知识产权民事处罚与刑事处罚的关系

一些发达国家政府和企业在要求在我国加强知识产权保护时，总是要求我国增加对知识产权的刑事处罚。根据欧美日韩、印度等国的知识产权法律，各国对专利违法行为主要适用民事赔偿，对商标和版权的假冒侵权主要适用刑事处罚；有些国家设定了比较明确的刑事处罚门槛，大部分国家并无明确的门槛。而对专利侵权，各国一般都不适用刑事处罚，仅有对伪造和假冒专利行为设置刑事处罚。因此，我国并不是要扩大刑事处罚的范围，而是要解决适用刑事处罚的门槛较高的问题。

四、新形势下加强知识产权保护的几点建议

1. 加强制度和机制建设，提高市场主体创造和运用知识产权的内在动力

保护知识产权所有者的权益，使其从拥有的知识产权中获得合法收益，是对知识产权所有者的最有效激励。一个好的知识产权制度和政策应创造

权利人能够通过运用知识产权获得合法收益的市场环境。一是要加大对假冒侵权的处罚力度，提高侵权成本。目前，相对维权成本而言，侵权成本过低，不利于保护创新者的利益和打击侵权者。二是从基本制度入手提升知识产权等无形资产的价值。无形资产成为世界的重要资产，应逐步将知识要素纳入国民经济的核算体系，从无形资产管理、会计制度、税收制度等基本制度入手，提升无形资产的价值。三是政策激励要从数量考核和补贴、奖励转向鼓励运用知识产权提高竞争力和创造社会价值。以市场为导向，价格机制为杠杆，促进知识产权的产业化应用，防止把知识产权作为考核指标和获得政府补贴的工具。四是政策工具要符合市场规律，引导权利人根据成本效益原则，创造和运用知识产权，提高知识产权的价值和效率。

2. 根据提升产业竞争力的需要，进一步完善知识产权法律法规，加强知识产权保护力度

①根据企业创新和产业发展与竞争需要，适时调整相关知识产权法律法规。当前，我国以集成创新和引进技术改进型创新为主，专利制度要适应这一创新特点，进一步完善专利审查和授权范围的标准，为国内企业留有改进创新的空间。根据行业技术进步特点，对一些技术进步较快的行业，以及重点追赶的领域，借鉴韩国的经验，建立申请授权的绿色通道。

②采取多种方式提高专利质量。一是加强保护知识产权的执法力度，提高处罚力度，增加侵权成本。二是提高审查水平和严格按照授权标准，控制数量，提高质量。三是调整专利收费标准和结构，将线性递增的专利年费结构调整为前期低、后期高的加速增长的专利年费结构，促进没有实施价值的专利尽早淘汰，以节约有限的管理、执法资源。四是减少政府对申请专利的普遍补贴，以及各种针对专利数量的奖励和优惠政策。为鼓励中小企业创新，对中小企业申请专利实行减免费政策。

③适应企业走出去战略，加大企业在海外的知识产权保护力度。一方

面，要借鉴美国政府的经验，通过政府采取多种措施，保护企业在海外的知识产权和合法权益。特别要清理现行不利于企业在海外维权的制度和规定。

④根据滥用知识产权的新特点，完善限制滥用知识产权的法律和措施，防止因滥用知识产权损害消费者利益和国内企业的收益。应对外国企业在华滥用知识产权的行为展开调查，研究有针对性的措施，加强监管。尽快制定统一适用的限制滥用知识产权的细则，制约滥用知识产权的行为。

3. 知识产权执法重在提高公平性和处罚力度

①与欧美日等国相比，目前我国知识产权司法保护的诉讼费用较低，结案速度较快。主要问题是处罚力度较低、办案程序不够透明和一定程度上存在地方保护主义。因此，改进知识产权司法保护的重点应从以下方面入手。一是加大处罚力度，提高侵权成本。二是增加司法审判程序的透明度，增加司法公信力。三是统一执法标准，减少地方保护，实现公平执法。

②行政执法是我国的特色，改进行政执法重点是提高质量和效率。一是明确行政执法和司法保护的分工，加强行政执法与司法审判的衔接。加强对地方知识产权管理部门的指导和人员培训，提高其执法能力。二是根据地区特点，发挥地方知识产权管理部门在当地企业群维权活动的作用。如建立一些特色产业企业的专利申请和维权快速通道等。三是选择一些地区开展整合政府知识产权管理部门的试点。实行专利、商标和版权三合一管理，集中人力物力，加强知识产权管理和行政执法力量。

4. 加强专业技术转移机构建设，促进科技成果转化和专利技术的产业化应用

①加强和完善政府科技计划和国有科研机构的专利管理和技术转移制度。国家科技计划的成果管理要建立组织保障，明确和落实责任，规范程序和方法，提供资金支持，落实激励机制。根据机构的性质、资助方式分

类制定成果管理和技术转移办法，明确知识产权转移规范程序和激励机制。

②建立专业化知识产权管理机构。从国际经验看，专业知识产权管理和运营机构有两类。一类是公立机构的知识产权管理和技术转移机构（OTL），如美国各研究型大学——斯坦福大学、伯克利大学、麻省理工学院等都有很强的技术转移机构；国防部、NIH 等负责政府科技经费配置的机构都设立了技术转移机构，负责本机构的专利申请和技术转移。另一类是纯商业公司，如"高智发明"等。知识产权管理和技术转移是极为复杂的商业行为，需要复合型专业人才。建议近期从国家科技计划成果管理与技术转移入手，培育我国的发明资本经营公司。

③建立有形和无形的技术市场，完善市场规则，在鼓励商业性技术公司的同时，加强对专利海盗的监管。

5. 加强统筹协调，构建知识产权的配套政策体系

实施知识产权战略需要综合配套政策体系，将鼓励创造、运用和保护知识产权的政策融合到创新、贸易、产业、财税、金融等各项政策中。建立通过股权激励、职务发明人激励、利益分享机制等各种形式，鼓励创新、技术扩散和产学研合作。规范和完善技术市场，促进知识产权交易和技术利用与扩散。加强理论和国际规则的研究，针对一些发达国家对我国提出的一些超国际惯例的要求，提出应对措施。

围绕创新驱动发展的目标，组织各部门出台相应的配套政策和措施，集中力量突破难点问题。根据行为主体，分类指导。对政府的任务应是指令性的，对市场主体的活动以引导性为主，给市场主体更灵活的空间；减少考核、补贴等政策，多一些机制体制改革政策。

6. 加大人才培养投入力度，探索知识产权管理和执法人才培养模式

①多种方式培养知识产权管理和执法需要的复合型人才。从国际经验

看，专利代理和专利律师需要法律知识和专业技术知识；知识产权管理，如技术转移办公室或技术公司需要专业技术人才、专业知识产权法律人才、商业和市场分析人才，以及一些综合运用上述知识的复合型领军人物。从事知识产权管理的复合型人才往往不是常规大学教育能够培养的，需要在实践中学习、锻炼和提高。因此，要加大对知识产权管理人才培养的投入力度，支持一些高水平的知识产权管理机构和服务机构作为专业人才培养基地，在干中学，在干中培养。

②加强对专利审查人员和执法人员的在职培训。如，定期对在职审查人员和执法人员进行经济形势和行业发展情况培训，安排审查员去企业挂职锻炼，帮助他们及时了解经济形势和行业发展、竞争情况，以及技术发展情况。加大审查员与行业主管部门和宏观经济管理部门的交流。对专利审查和专利执法人员，逐步实行专业技术和法律专业双学历的要求。

③加强专利代理人的培养。首先应改进和丰富资格考试内容，改变以往重学历轻考试的选人机制，适当延长实习期要求。同时，加强对专利代理业的监督管理，一方面，通过资格认证制度，把好入门关；另一方面，加强行业信息披露制度，通过信息公开促进竞争，提高服务质量。未来，应允许专利律师与专利代理混业经营。

7. 改进信息服务，全面快捷地提供专利信息

专利制度基本作用是以一定期限的独占权换取技术公开，因此，专利信息的质量和获取有利于加快技术进步，也成为专利制度的重要部分。一要加强审理审查时的信息披露要求，应明确要求专利申请人提供详细的技术信息，并作为审查的重要内容以及授权的重要依据。二是完善专利信息条目，丰富专利基础信息所涵盖的内容，并免费或低价向社会公布专利基本信息。三是加强专利数据服务平台建设，加强网络带宽和设立区域平台，提高传输速度，方便企业快速、批量获取信息。四是加强国家对专利预警的分析和报告制度。针对产业发展情况，对一些行业性的重大技术变化和

技术引进，特别是战略性新兴产业发展，及时进行行业知识产权预警分析，并尽快公布。

8. 培育、引导行业协会，规范和发挥行业协会的作用

一是发挥行业协会自律组织的作用。各种区域和行业协会应组织企业制定保护公约。二是解决知识产权纠纷和争端。近些年来，我国企业与外国企业的知识产权纠纷常常是群体事件，行业协会出面更有利。特别是在应对国外337调查和专利池诉讼的过程中，应有效发挥行业协会的作用。三是发挥政府与企业之间的桥梁作用。企业量大面广，需要借助于行业协会发挥上传下达的作用。四是建立行业协会与主管部门的沟通机制，取得主管部门的指导，提高专家的参与程度。

执笔：吕　薇

第三章 世界专利制度的沿革与发展趋势

当代专利制度普遍被看作是一项规范科技创新成果权利归属及其市场收益的基本法律制度，但是在纵向历史分析中，还应把专利制度理解为一种市场和社会治理规则。这样对于专利制度发展方向的理解才不会陷入忽左忽右的盲区。现代专利制度在 17 世纪的英国是作为限制王权的一种手段，其经济背景是国王滥发垄断特权，以至于影响新兴资本的生存环境。随着工业革命在欧洲的相继展开，专利制度被视为吸引投资、提升本国产业竞争力的政策工具，无论是美国还是欧洲列强对非本国技术、资本都极具歧视；而在后工业时代，专利制度在社会体制中的地位摇身一变成为技术成果市场化的基本规则，专利制度关注的重点是科技创新成果能否实现其价值，而不论其是否能够在生产和服务中使用。现代专利制度身份的转变，是与技术资源和资本在社会经济生活中的地位密切相关的。一部专利制度发展史，其实就是一部技术与资本携手不断渗入到经济社会生活各个角落的历史。

在国家之间，专利制度所扮演的角色要复杂得多。一方面，它要为技术和资本的自由流动创造条件，同时也要保留国家对技术经济管理的主权。因而，在专利制度国际化的起源阶段，有关规则的创立就不仅是那个时代技术、资本流动基本特征的反映，同时也反映了那个时代相互竞争的大国在对外经济政策方面的意志。在经济全球化形成的开放环境中，国际专利制度扮演着国际分工红利分配规则的角色。专利制度向权利人方向偏移，资本和科技大国即可在国际分工之中获得更多的利润。因而，在国际产业分工价值链上处于不同地位的国家，对于专利制度的认识是不一样的。WTO 成立之后，知识产权制度成为国际贸易的三大支柱之一，这意味着保护专利与贸易和投资是联系在一起的。国际专利制度不仅能够影响技术和资本的流动，而且与贸易制裁等手段联系在一起。专利制度的实施常常能够影响国家的对外贸易环境，进而影响国家经济发展的整体环境。

自专利制度走出英国之日起，每个国家实施自己的专利制度，都有一份关于制度目标和价值的考量。在这些考量因素之中，除了技术发展、创新体系、资本和产业的结构布局等国内因素之外，在国际上还需要考虑国家安全、经济全球化对本国经济社会发展的挑战和机遇、本国在全球产业分工价值链中的现实和利益所在。国家间专利制度的实施与发展，通常都有着异常多样的选择，每一个主权独立的国家在实施自己专利制度之时都呈现出自己的特色。尽管如此，从整体来看，每一个国家在实施自己的专利制度时，所考虑的因素是大体相同的，每个国家的专利制度发展受着类似因素的影响。诸如专利制度对科技发展的回应、巩固本国在全球产业分工中的地位、调整本国专利保护与竞争的关系、促进创新等是这些影响因素中最为重要的内容。所以，在专利制度几百年的发展历史中，我们还是可以梳理出大致的轮廓，也可以从近些年世界各国专利制度实施的新动向中，梳理出未来一段时期专利制度的发展趋势。

一、二战以来专利制度发展的总体脉络

专利制度在不同的年代，都有本身所处时代的特点。专利制度的未来，一定会和未来全球科技和经济格局密切相关。从专利制度发展、演变的轨迹来看，过去影响专利制度发展的各种因素仍然在推动着专利制度的向前发展。因此，考察二战以来专利制度演变的总体轮廓，事实上也就是在观察今天的专利制度将会走向何方。

1. 专利保护主题从"利用自然规律"向"阳光下人类的一切发明"扩张

随着 20 世纪下半叶信息技术与生物技术的兴起，新技术领域开始接受知识产权的保护。但是，尽管有一些先例，例如巴斯滕的酵母专利，而现存的物质，从传统观点上看已经被排除在专利保护范围之外。直到 1980 年，美国最高法院才赞成遗传上变更的细菌可获得专利。引述国会咨文的一句话："普天之下，只要是人类的发明，都应获得专利。"具有里程碑意义的"Diamond V. Chakrabarty"案的判决以及发生在欧美的一些案例，扩大了新技术获得专利的可能性。

然而，可专利性的标准在全球范围内并不相同。例如，在美国，软件一般是可获得专利的，而欧洲法律规定用电脑的产品实质上是"技术性的"，因此，"这样的"软件不能获得专利。美国专利法准许以商业方式获取专利，而这些方式在欧洲是不允许获得专利的。

专利题材领域的扩大问题长久争执不下，诸如体制约束力的争议、道德范围的争议，对小创新发明者的影响等。但是，世界显然在变化，正如巴黎 HEC 管理学院的 Michel Santi 教授详细解释的那样："如今，我们正处于经济转型时期，服务业占国内生产总值的 70%。与工业技术不同，服务业相当透明，因此很容易被理解和模仿。服务业的确需要知识产权来保护那些易于被剽窃的东西。"

（1）基因专利："新颖性"不再是难题，"实用性"也可以降低要求

基因是承载了生物遗传信息的 DNA 分子序列，基因的主要功能是合成蛋白质，即决定特定蛋白质的一级结构，然后通过与周围环境的互动来决定生物的遗传性状。从分子水平上的构成来说，无论是高等动物还是最为低等的单细胞生物，基因是没有区别的，它们的化学成分都是核酸，包括脱氧核糖核酸（DNA）与核糖核酸（RNA）两种，其中脱氧核糖核酸起着主导作用。脱氧核糖核酸是由腺嘌呤、胸腺嘧啶、胞嘧啶和鸟嘌呤所代表的四种不同的碱基组成。按照一定的顺序，这四种碱基排列成两条线状的

分子互相耦合的双螺旋结构，生物体内绝大部分的遗传信息就体现在 DNA 分子的四种碱基的排列顺序上。从这种层面上讲，万物都是平等的，没有不能跨越的物种界限。

从 20 世纪 70 年代生物遗传的化学物质基础被发现之后，人类对基因技术的探索及成果即快速增长。通过 40 年的努力，人类已经掌握了可以操纵生命遗传进化的一系列关键技术。基因工程已经成为生物技术学的核心，人们已经可以初步按自己的意愿定向改变生物遗传性状。今天，基因工程技术已经在农业、制药及医学等行业广为应用。而且随着基因技术的快速发展，基础科学和应用技术之间的界线已经越来越模糊。最初，在基因技术上的投资主要来自于政府，比如 20 世纪 90 年代的人类基因图谱工程即由多个国家的国家实验室联合开展。随着基因技术的逐渐成熟，其中的商业机会被越来越多地捕捉和确认。投资于基因技术开发的主体逐渐由政府过渡到私人企业，尤其是生物制药企业。而当私人企业投资于生物技术开发，并且能够取得具有商业价值的成果之后，基因技术以及基因本身的专利要求则被提了出来。但是，基因本身的专利却与传统的专利理论存在重大的冲突：一是基因早已存在于自然界，人类所要做的只不过是把它们提取出来，那么基因的新颖性如何解决？二是单纯的基因被提取出来之后，人们对它们的理解和认识到达何种程度可以被认为是满足了《专利法》上的"实用性"要求？三是对于人类的遗传基因及其相关技术可以专利吗？或者说，如何解决其中的伦理问题？四是当人类的主要粮食作物被基因改性之后，农民可以把收获的粮食作物作为种子继续耕种吗？五是当权利人把世代耕种的粮食作物、药物进行基因改性或者提取基因而取得专利或其他权利之后，长期以来依赖这种粮食作物的社区公众的权利可以得到何种程度的保护？这些问题曾经困扰了知识产权法学界的很多人。但是，尽管各种各样的反对声音很强烈，尤其是作为遗传基因保存大国的发展中国家强烈反对基因专利，也提出了许多分享专利收益的方案，联合国也通过了《生物多样性公约》，但是在资本及其利益集团的推动之下，基因专利以一种一泻千里的磅礴之势推开了一切阻挡力量。如今，凡是人们可以提取出来的任何新的基因片段，无论是从传统的生物物种当中提纯出来，还是人工合成，都可以获得物质专利。尽管关于基因专利的各种问题仍然遗留了下来，人们的讨论和争执仍然需要很长一段时间才可能终止。

（2）软件专利：专利的"技术性"需要如何体现

软件的知识产权保护是与软件商业价值的不断提高密不可分的。1946年美国宾夕法尼亚大学研制成功世界上第一台电子计算机，但很长一段时间内计算机价格昂贵，计算机的用户主要是研究人员，计算机软件是作为硬件的附属物而出现的，没有引起人们足够的重视。IBM公司从1970年1月起对软件和硬件分开定价出售，摒弃软件配套出售的方法，使得软件与计算机相脱离，并将软件业从计算机工业中完全独立出来。此后，越来越多的软件公司涌现出来，为所有不同规模的企业提供新的软件产品，并在事实上超越了硬件厂商所提供的软件产品。随着计算机软件对人们生活的渗透，软件开发成本在整个计算机系统的开发中所占的比例从10%上升到90%以上，计算机软件本身已成为具有重要财产价值的交易对象和权利客体。在软件技术发展和商业价值不断提升的过程中，对计算机软件的知识产权保护问题逐渐被提了出来。

但软件的知识产权保护从一开始即面临着巨大的难题。由于计算机软件具有明显的技术特性，美国等不少国家从一开始就尝试用专利保护计算机软件。美国总统约翰逊任命了一个特别委员会，专门研究是否需要对计算机软件采取专利保护。但经过长时间的多方讨论，该委员会在其做出的专门报告中，主张对计算机软件不给予专利保护，主要理由是计算机软件不属于专利法所规定的能取得专利权的法定客体。但是采用版权方法保护软件也面临着巨大的困难。这主要是因为传统版权法的客体主要为文学、艺术和科学作品。与这些早期的版权保护客体相比，计算机软件具有较大的差异性和迥然不同的特点。但面对软件快速发展所提出的保护要求，不需要经过实质审查的版权保护方式不失为一种很好的思路。在产业界的压力下，美国版权局在 1964 年开始接受计算机软件的版权作品登记，其登记规程中规定"对于计算机程序是否具有版权这一点尚不能确定，但可以根据现行的版权法接受计算机程序的版权登记，而让法院针对具体案件中版权的有效性作出判决"。但世界上第一个正式在版权法中规定软件为作品之一的则是 1972 年的菲律宾版权法，当然菲律宾的做法是美国推动的结果。随后美国在 1976 年和 1980 年两次修改版权法，明确以版权法保护计算机软件。由于美国在软件产业所处的领先地位，美国的软件保护形式自然被各国所借鉴，并且美国也一直在给各国施加压力，要求各国以版权法来保护软件。从 1985 年开始，美国大规模地采用了外交的、经济的、法律的等种种途径，推动全世界的计算机软件立法走入版权保护的轨道。Trips 协议和世界知识产权组织的两个互联网下的版权协议分别对用版权法来保护计算机软件进行了确认。

但是版权相对于专利来说，保护力度要弱得多。版权保护模式并没有让美国的软件业满足。在世界各国正在努力把软件纳入版权保护范围的过程中，美国重启了把软件纳入专利保护范围的努力。1981 年的 Diamond vs. Diehr 案第一次为软件专利保护打开了大门。美国联邦最高法院判定被上诉人利用电脑软件来协助完成人工合成橡胶程序的权利要求是符合《专利法》第 101 条所规定的保护标的要件的，应当授予专利权。法院认为：一个处理过程并不因为该过程的几个步骤涉及使用计算机软件而不能得到专利法保护，也就是说一个专利的申请并不能因为含有数学公式而成为非专利保护的客体。在 Diamond 案判决后，USPTO 正式公布了有关计算机软件的专利申请的审查准则，强调指出：一项涉及计算机程序的发明，只有从整体上看是一个单纯的算法时，才可以把它作为不受专利法保护的对象予以驳回。1995 年 4 月 26 日 USPTO 宣布包含在有形载体上的计算机程序符合美国《专利法》第 101 条关于可专利性的要求，并正式公布《与计算机有关发明的审查基准》。此后，在美国与软件相关的发明专利申请量以及相关的专利纠纷数量不断增加，而互联网的发展促使美国司法界对软件的专利性采取了更加宽容的态度。

美国将软件纳入专利保护主题的做法，迅速被传播到欧洲和日本等发达国家。但在保护标准上各国是有差异的。日本与美国较为接近，对纯粹的软件也可以授予专利。欧洲则要求软件必须与硬件相结合，单纯的软件不能获得专利保护。我国的保护方式与欧洲较为接近。对软件的不同保护方式实际上反映的是各国软件产业的发展水平。

（3）商业方法：技术和思维方法如何区分

商业方法是人们从事商业活动的一般规则和方法，是人们在社会经济活动中总结出来的，符合经济发展规律，并为社会所接受且普遍使用的商业活动基本规则和实现方式。商业方法是人类智力劳动的结果。传统上人们认为商业方法属于智力活动的规则或方法，是被排除在专利保护之外的。但随着技术的发展，尤其是互联网技术广泛地用于商业经营，一些与技术联系较为紧密的商业经营方式的法律保护问题即被提了出来。商业方法的专利保护是和软件的专利保护紧密联系在一起的。

商业方法的专利保护规则，首先是由1998年美国联邦巡回上诉法院在审理State Street Bank案中所确认。本案所涉及的发明是一套关于投资数据处理的系统，是一种典型的商业方法。马萨诸塞州地方法院在一审中判决系争发明的专利权无效。但在上诉审理中，联邦巡回上诉法院在分析系争发明是否为"商业方法"时指出，法院从未将商业方法排除在可专利的法定主题之外。商业方法与其他任何工序或者方法一样，属于可专利主题。在判断请求项是否包含法定主题时，法院认为不应仅注重请求项属于何种范畴，而应关注该请求项之基本特性，特别是"实际应用性"。本案中的"方法"可以被用来处理共有基金业务，具备实际应用性。基于此，法院肯定了系争发明产生了"有用的、有形的、具体的结果"，符合第101条之规定。1999年1月11日，联邦最高法院拒绝了再审请求。该案审结后，洪水般的商业方法专利申请涌向了美国专利商标局。从1997年的不到1000件，迅速发展到2007年的超过11000件，大批创新程度不高的商业方法专利申请获得授权，招致了社会各界对专利适格性标准的激烈反对。商业方法申请和授权过滥，是导致美国社会各界激烈批评美国专利审查质量的重要原因。

对专利质量问题的讨论导致美国法院系统反思过去的商业方法专利政策。在 In re Bilski 案中，美国司法系统获得了一次修正商业方法专利政策的机会。2006 年 11 月，申请人 Bilski 和 Warsaw 因不服美国专利商标局的复审委员会驳回其"能源风险管理方法"专利申请的裁定，向美国联邦巡回上诉法院提起诉讼，请求判决系争方法属于美国专利法中的可专利主题。联邦巡回上诉法院全体法官联席审理了该案，决定主要对"确定某种'方法'是否是第 101 条中的法定可专利主题时应采用的适当标准"进行审理。在审理中，法院拒绝援用 State Street Bank 案中的标准，转而采用"机器或转换标准"。法院认为，在下列情况下，所主张的方法满足可专利性：该方法是与某种特定机器或设备相联系，或该方法可将某种特定物体转换成其他形态或另一种物体。由于系争发明并不需要相联系的机器，其权利要求也未限定数据类型，因此无法确认是否可将特定的物体转换成另一种状态或者其他物体。据此，法院判定系争发明不属于法定的可专利主题。该判决是联邦巡回上诉法院针对当时社会反对声音做出的回应。但是当该案上诉到联邦最高法院时，该法院做出了某种程度的修正。在 2010 年 6 月 28 日联邦最高法院发布的判决意见书中，联邦最高法院就商业方法专利问题提出了三点司法意见：①商业方法属于可专利主题；②State Street Bank 案不能再用于判定商业方法的可专利性；③"机器或者转换标准"并非判定商业方法可专利性的唯一标准。In re Bilski 案被作为美国近期专利政策调整的一个重要步骤。

除了美国之外，世界上其他国家都是不承认商业方法专利的，欧洲是明确把商业方法排除在可专利主题之外。但是由于商业方法和软件、互联网技术紧密联系在一起，且由于审查员能力有限，有不少商业方法被当作软件专利签发出去。

2. 专利执法的日趋严格

（1）统一专利法院的建立

国外设立专利的专利法院已经成为一种相对普遍的现象。考察起来大致有三种模式。一是专门法院的模式，代表性国家有美国（设有联邦巡回上诉法院）、日本（设有东京知识产权高等法院）、德国（设有联邦专利法院）、英国（设有高等法院内的专利法院和伦敦专利郡法院）、泰国（设有中央知识产权和国际贸易法院）、韩国（设有韩国专利法院）。此外，瑞典、葡萄牙、土耳其、意大利、新加坡、马来西亚、菲律宾、巴西等国也设有专门知识产权法院。这些专门法院中，有的是初审法院，有的是上诉法院。2012 年欧盟也就成立统一的专利法院达成一致意见。二是普通法院下的专门法庭模式。这种模式是在普通法院内部设立专门审判庭，专责知识产权案件的审判。澳大利亚、加拿大、意大利等 20 多个国家属于这种模式。我国也属于这种模式。三是目前世界上仍有一些国家把知识产权案件作为普通的民商事案件，交给普通民商事法官审理。

美国的联邦巡回上诉法院是专门法院审理专利案件的典型。该法院是根据 1982 年美国联邦法院改革法案，将关税与专利上诉法院和索赔法院合并后成立的。该法院管辖对美国专利商标局专利复审委员会和商标评审委员会决定不服而提出的授权确权上诉案件、对所有联邦地区法院作出的专利侵权判决不服而提出的上诉案件以及对美国国际贸易委员会作出的裁决不服而提出的上诉案件。联邦巡回上诉法院的设立，被认为是美国政府 20 世纪 80 年代以来推行其知识产权战略、确保有效实施专利制度、巩固并进一步强化其在全球的科技优势的最重要的战略举措。美国专利侵权纠纷的初审由联邦地区法院管辖。当发生专利侵权纠纷时，如果当事人对专利权的有效性有争议，由审理法院同时对专利是否有效作出裁定。法院在侵权诉讼中对专利的效力的判断是彻底的，对专利局和以后的诉讼都有法律约束力。在 1982 年之前，专利诉讼的基本程序是不服地区联邦法院专利侵权的判决的，可向所属巡回上诉法院上诉，再不服则可向最高法院上诉。最高法院对于有关的上诉案，只选择它认为重大的和有典型意义的才受理。如果最高法院不受理，则上诉法院的判决即为有效判决。此外，涉及进口货物专利侵权的案件，权利人可以向美国国际贸易委员会主张权利（337 调查）。如果权利人对国际贸易委员会的裁决不服，也可以向关税与上诉法院上诉，直至上诉到最高法院。由于各联邦上诉法院的传统有所不同，法官们对专利法的理解也有所不同，而且各上诉法院是完全独立的，彼此之间没有什么协调讨论的机会，而能够实际上诉到联邦最高法院的专利案件又极少。因此，很难统一审理标准，也严重影响了专利法激励创新目标的实现。为了克服这一弊端，美国国会才决定设立联邦巡回上诉法院，以提高专利审判中的一致性，使得专利法的适用具有更高的可预见性。联邦巡回上诉法院审查专利复审委员会和商标评审委员会作出的驳回申请裁决是否适当，仅进行法律审查，在诉讼程序中，举证责任在专利申请人一方，这与我国行政诉讼明显不同。另外，联邦巡回上诉法院审理专利侵权案件，也仅对法律适用问题进行审查，涉及有关事实问题，上诉审仅仅依据初审的法庭记录，而不接受双方提交的新证据。如果当事人律师提交的证据证明初审法院认定事实错误，则发回初审法院重新审理。

日本 1948 年《专利法》规定，东京高等法院对日本特许厅作出的决定所提起的诉讼案件具有专属管辖权，而侵权案件则由普通地方法院管辖。但 2002 年 7 月，日本知识产权立国战略提出要对专利案件进行集中管辖，以便统一审判标准。为此，2005 年，日本在东京高等法院内设立了知识产权高等法院。该法院主要管辖两类案件：①日本特许厅作出决定的诉讼案件；②与专利、实用新型、集成电路布图设计等有关的案件。该法院在司法管理方面受到最高法院的监督，与其他高等法院相比具有更大程度的独立性。东京知识产权高等法院的成立，在日本法院发展史上具有划时代的意义，它体现了司法对知识产权立国这一国策的关注以及对知识产权保护的重视。

作为近期欧洲统一专利制度进程的重要进展之一，2011 年，欧盟颁布了《建立统一专利法院协定和法令草案》，根据该草案，欧盟将建立统一专利法院。统一专利法院将适用于所有的欧洲统一专利，该法院由一审法院、上诉法院及登记处组成。一审法院将包括一个中央级别的法院和若干个成员国地区法院。每个成员国都可以申请设立，如果一个成员国在每年的受理案件数量超过 100 件，可以申请增设一审法院，最多不超过 3 个。上诉法院法官 5 人，其中 3 人具有法律背景，2 人具有技术背景。此外，法院还将设立调解和仲裁中心。目前，对于法院机构的选址问题有了初步结果，卢森堡将获准建立上诉法院，斯洛文尼亚和葡萄牙获得两个调解和仲裁中心，匈牙利将建立一个培训地。最重要的中央法院选址问题是个极富争议的问题，目前已得到解决。巴黎顺利成为中央法院所在地，英国和德国成为中央法院分院。其中，英国分院审理化学（含医学）和人类必需品方面的专利侵权案件，德国分院审理机械方面的案件。

除了上面提到的美、日两国以及欧洲统一专利法院之外，德国、英国、韩国、泰国等都建立了专门的知识产权或专利法院。从当前的情况来看，知识产权审判的专业化与相对集中管辖是一种国际发展趋势。各国均从知识产权案件审理的高度专业性出发，由专门的审判机构统一审理，而且普遍倾向于建立专门的知识产权法院模式。从各国知识产权专门法院的设立目的和实际运作效果看，对于专利等技术性较强的案件，更加强调司法标准的统一性，在对专利侵权等一审案件实行相对集中管辖的同时，努力通过同一法院统一处理确权纠纷上诉案件和侵权纠纷上诉案件，实现确权纠纷解决程序和侵权纠纷解决程序的有机统一和相互协调。各国多是将专利等专业技术性较强的案件集中到一个专门的知识产权法院，对于著作权和商标侵权等一般知识产权案件一般仍由普通法院负责审理。建立知识产权专门法院的国家和地区普遍重视配备专业技术人士参与专利等技术类案件的审理，特别是具有大陆法传统的国家，如日本、韩国等，建立了技术调查官制度。

（2）海关执法的强化

随着全球贸易的不断深化发展，各个发展中国家为了国家的整体发展，不断修改和加强本国的立法和执法，基本都已达到了 TRIPS 协定所规定的要求。在与发达国家的博弈中，发展中国家也慢慢学会用 TRIPS 协定的灵活性条款保护本国的利益，特别是世界知识产权组织 2007 年 10 月通过的"发展议程"，标志着发达国家与发展中国家达成妥协，为发展中国家谋取了更大的发展空间。但是，发达国家为了达到自己的目的，通过各种手段，试图绕开这两个国际组织，把战场转移到其他相关国际组织，掀起了发达国家与发展中国家新一轮的博弈，国际知识产权边境保护形式正在发生重大变化。

在一些发达国家的密谋和鼓噪下，2007 年 2 月世界海关组织与菲利浦公司等企业伙伴商讨后发起《海关统一知识产权执法临时标准》（下称 SE-CURE）项目。SECURE 工作草案包括导言和四个部分。第一部分是有关"知识产权立法和执法体制发展"的规定，具体包括 12 条标准。这些标准远远超出了 TRIPS 协定所规定的海关执法标准。主要表现在：①执法环节从进口延伸到进口、出口、转口、仓储、转运、自由贸易区、免税店等；②适用范围从假冒商标及盗版货物延伸到其他各类知识产权；③在执行义务方面，TRIPS 要求成员国无优先实施知识产权执法的义务，后者则要求一国指定单一中央机构并归口管理；④在申请程序方面，TRIPS 要求权利持有人提供充分证据，后者则要求海关免费提供样品，从而使权利持有人确定是否侵权，使海关及权利持有人举证责任倒置，扩大了权利人利益；⑤在救济措施方面，成员国根据 TRIPS 协定对于侵权货物可选择使用销毁或处理的方式，后者则规定所有侵权货物均应销毁；⑥后者在责任承担方面免除了海关非善意行动的救济措施责任。

3. 专利经济角色的变化

（1）从保护研发投入的手段到公司的关键资产

20 世纪后几十年内，专利的角色发生了极大变化。过去，公司的价值表现为有形资产——土地、工厂和原材料；如今，无形资产常常受到知识产权的保护，占上市公司价值的百分比日益增加。另外，与有形资产不同，无形资产通常用广告进行大规模扩张——所有者几乎不再需要付出任何代价，就能重新组织生产或者开发利用。由于专利能够带来日益增长的利益，因此受到热衷于全球化的利益集团的追捧，例如在美国大力提高运用知识产权的能力，可以赢得重大司法案件的巨额赔偿费用，高新技术比传统技术获得更广泛的应用，利用非核心专利作为收入来源的典型商业模式也随之增加。因此，对许多公司而言，专利注册现在不再是安抚发明者的一种代价高昂的方法，而是创造价值的首要手段。

过去，专利只是保护企业法务和技术部门的一种手段，现在，它已成为公司高层整体战略完整不可分割的一部分。专利不再只是防护措施，而是公司经营策略的主要武器。专利拥有者一直对别人获取专利施加潜在的诉讼威胁——有些人以"军备竞赛"对此进行描述，尤其在信息技术领域。专利许可是桩大生意。据估计，专利每年在美国创造450亿美元的价值，在全球创造大约1000亿美元的价值，专利是打开获取收益之门的钥匙之一。

随着专利数量的不断增加，利用专利授权（许多前期的专利，权利相互重叠可能阻碍产品或工艺的商业化生产）阻碍别人进行创新的现象已经显现。为了适应这种状况，专利池应运而生。这些合作性的安排准许拥有许多专利权的权利人（所有专利对产品或者工艺的开发都是必需的）以单一价格许可或转让其他权利人。但是，商讨入盟可能代价高昂，它把拥有少量专利的专利者排除在外，或使一群主要参与者建立卡塔尔，以排斥新的竞争者。在一个领域里的大量专利所产生的问题（所谓的专利权使用费积累）可能造成高昂的代价，以致阻碍创新。许多持有大量专利的拥有者由于必须许可别人使用某种专利资源，从而可能导致"违反社会公益的悲剧"的发生，即长期未充分利用资源而抑制创新。

（2）从科研成果的保护到国家的战略资源

一个组织，小到一个企业，大到一个国家，都可以把其看作资源和能力的集合。其竞争优势来源于资源和能力的差异性（Barney，1991）。这些资源和能力是稀缺的、有价值的、难以替代和模仿的。由于异质性资源获取和使用的因果模糊性以及路径依赖性，对其他企业获得这样的资源和能力造成难以克服的困难，从而使企业和国家可以获得区别于其他企业的竞争优势。专利是企业的一种无形资源，符合资源基础理论对于竞争优势所需资源的要求，即具有稀缺性、价值性、难以模仿和替代、非可流动性等特性。由于专利的异质性，拥有普通资源的企业只能获得平均利润，而拥有专利资源的企业可以获得租金。因专利的这些特点，企业可以通过专利获得竞争优势。由于法律制度的保护，企业不对专利进行交易，那么它就是完全不可移动的。

专利制度的创新激励作用可创造熊彼特式的创新租金。专利本身就是企业不断学习和创新的产物，更重要的是专利竞争优势的有限性迫使企业必须通过不断的技术创新和升级专利才能获得持续的竞争优势。此外企业对专利的运用，比如建立专利联盟，可以创造一个知识分享和知识学习的环境，使得联盟成员可以在联盟内部更容易地进行知识学习和资源积累。

正是因为专利对于组织竞争优势不断提出价值，进入 21 世纪之后，企业和国家都在日益加大对专利和其他形式知识产权的重视程度。企业加大专利布局力度，而国家则力图创造一个好的知识产权环境，帮助企业强化在知识产权领域的竞争优势。

4. 世界专利制度一体化的努力

（1）PCT

WIPO 的 PCT 改革从 2000 年开始，实施细则不断修改，规则和程序日趋复杂，到 2007 年再也进行不下去，成员国大会只好宣布 PCT 改革工作组业已完成预定工作，其使命结束。紧接着于 2008 年开始的 PCT 工作组会议一方面延续了对细则的不断修改，另一方面，也是更为重要的方面是展开了对 PCT 未来发展方向的争论。

2008 年的第一次工作组会议中心议题是"提高质量、提升 PCT 的价值",显示出 WIPO 对势头强劲的双边合作会弱化 PCT 影响的担心,因而提出提高国际报告的质量、减少重复工作、提升 PCT 价值的目标,但是,其欲将现行 PCT 制度由程序合作转向实体合作,甚至实现世界专利的潜台词也引起了广大成员国的高度警惕,因此推行并不顺利。2009 年第二次会议则明确推出"PCT 未来"和"路线图",明确要求各国限时完成保留条款的删除和不再重复进行检索,这一路线图一经提出即遭到广泛质疑,无果而终。2010 年第三次会议以"未来发展方向的讨论"作为重点。2011 年第四次会议,通过"中国专利文献纳入 PCT 最低限度文献"提案。

WIPO 计划难以推行的情况并不仅仅发生在 PCT 会议上,近几年来举行的其他会议也屡屡陷入僵局。因此 WIPO 所提出的建议不再明显致力于专利制度的国际协调,而是转向较为务实、操作层面的改革方向,增加了对发展议程的兼容;其次提出建议的方式更为缓和,例如对于国家保留不再限时删除,而是建议各国予以审视。

应当看到尽管有上述变化,发达国家所力主的诸如工作共享等改革内容悉数包含在未来的蓝图中,发展中国家经过努力虽增加了关于技术援助、技术转让的内容,但目标和措施仍很模糊。

（2）PLT

《专利法条约》（Patent Law Treaty，PLT）于 2000 年 6 月在日内瓦召开的外交会议上通过,同时通过的还有《专利法条约实施细则》以及《外交会议的议定声明》。参加这次会议的有 130 多个国家、4 个政府间国际组织及 20 多个非政府间国际组织。根据《专利法条约》规定,该条约应在 10 个国家向总干事交存了批准书或加入书后 3 个月生效。2005 年 1 月 28 日,罗马尼亚成为第 10 个向 WIPO 递交加入《专利法条约》文书的国家。为此,《专利法条约》于在 2005 年 4 月 28 日生效。

《专利法条约》共 27 条,其主要内容包括:缩略语;总则;该条约适用的申请和专利;安全例外;申请日;申请;代表;来文;地址;通知;

专利的有效性；撤销；期限上的救济；在主管局认为已做出应做的努力或认为非故意行为之后的权利恢复；优先权要求的更正或增加；优先权的恢复；实施细则；与《巴黎公约》的关系；《专利合作条约》的修订、修正和修改的效力；大会；修订；国际局；成为该条约的缔约方；生效；批准和加入的生效日期；该条约对现有申请和专利的适用；保留；退出；语文；签字；保存人；登记。该条约框架下形式要件的标准化和简单化，将降低错误率并有利当事人较少丧失权利。此外，由于消除了复杂的程序和简化了专利流程，专利局可以更有效地操作并降低费用，这些均可能对发明人、申请人和专利代理更为有利。

《专利法条约》旨在协调国家专利局和地区专利局的形式要件并简化取得和维持专利的程序。其规范的主要内容有：①取得申请日的要件和避免申请人因未满足形式要求而失去申请日的有关程序；②适用于国家和地区专利局的一套单一的国际标准化形式要求，该要求与专利合作条约的形式要求一致；③各局均应接受的标准申请表格；④简化的审批程序；⑤避免申请人因未遵守期限而非故意丧失权利的机制；⑥适用电子申请的基本规则。同时，还规定了缔约方专利局可以适用的最高要求，除了申请日条件是例外，缔约方专利局对本条约规定的事务，不得增加任何形式条件。因此，缔约方有自由从申请人和权利人的角度规定对他们更有利的要求。

（3）实体专利法条约

继在 WIPO 框架下达成 PCT 之后，制定专利实体法条约即被提上议事日程，其目标是建立一个在全世界适用的专利实体法。

专利实体法条约的谈判在 2004 年左右达到高潮。但该谈判遭到发展中国家的极力反对。目前处于停顿状态。

二、近年来专利制度发展的挑战和机遇

在过去十年里，专利制度的发展并不是如人们所期望的那样一帆风顺，而是遭遇到了激烈的挑战而引起人们对实施专利制度的根本目的的怀疑。同时，全球科技和经济发展的新态势也对专利制度的发展提出了新的要求。这就是专利制度在近年来的挑战和机遇。

1. 专利过多过滥和对专利社会价值的质疑

在20世纪90年代以后很长一段时间里，在美国等发达国家，专利审查和授权是"失控"的，无数"微小"的技术方案被授予专利权，导致"专利丛林"现象，新产品的开发动辄得咎，并引发"Patent Troll"现象。

（1）问题专利泛滥阻碍经济发展

20世纪80年代以来，世界各国在专利制度实施当中，普遍出现了专利申请膨胀、问题专利增多、专利丛林蔓延等现象。这种现象是由多种原因引起的。原因之一是新技术的发展态势以及国际产业竞争格局的变化引发美国在全球推进亲专利政策。原因之二是TRIPS协议的亲专利性激发了专利泛化现象。原因之三是世界各国现有的专利授权体系向专利申请人倾斜。原因之四是技术知识的特性与专利产权片段化的矛盾，使得发明人倾向于多申请专利。

问题专利过多过滥的经济效果是对创新和对经济发展的阻碍。经济学理论界对专利制度的关注由来已久。专利制度是用市场垄断权来激励创新、公开创新的一种制度安排。在经济学中，垄断被认为是降低经济效率的市场结构。专利制度自诞生之日起即存在极大的争议，人们一直对专利制度可能引发的负面效果存在警惕。19世纪后半叶开始并延续近40年的声势浩大的"反专利运动"主张废除或削弱专利制度，并几近取得成功。

对于是否应当保留专利制度，或专利制度对整个社会的全部有利效果是否超过了全部负面效果的问题，直到今天，我们仍然不能得出答案。但公认的一个常识性看法是，专利权不应当受到绝对的保护，也不应当完全不受保护，经济学和法律学的任务之一，便是探询在特定发展阶段上对专利权予以保护的合适的"度"。虽然经济分析并不能对专利制度作一最终明确的判断，但是它指出了专利强保护的危险，专利强保护会强化专利制度对整个社会的负面效果。自从 20 世纪 80 年代以来，专利权已经逐渐被强化和扩展，导致了问题专利泛滥的现象，专利制度对整个社会的负面效果更加显现。亲专利政策的负面效果主要体现在激烈的专利竞赛、专利权碎片化导致的"反公地悲剧"。由于专利制度有"胜者全得"的特点，为了抢先申请专利，企业之间会展开激烈的专利竞赛。获取临时的垄断权的预期鼓励了太多的厂商去追求同样的研究项目和知识创造，他们相互竞争以获取专利，专利竞赛导致研发资源的过度投入和不必要的浪费。如果将模仿性厂商的重复研发考虑进去，后来企业的模仿研发中很大一部分只是为了绕开专利壁垒，从整个社会来看，并不具有真正的技术突破上的意义，其研发活动是重复甚至浪费性的。

　　一些实证研究表明亲专利体系下对专利的强保护只能促成专利数量上的膨胀，但并不能促成研发投入和新技术的产出的增长。例如，美国在研发投入上的增长就与专利法的变化无关。经济学上的"公地悲剧"揭示的是土地公有的弊端和建立私有产权的必要性；而"反公地悲剧"则源于一种特殊的产权制度安排，在这种制度安排下，稀有资源的多个所有者都具有一种有效拒绝他人使用该种资源的权利，要想能够使用这一稀有资源，就必须首先得到所有产权人的一致许可，其结果往往是带来了巨大的交易成本，并可能直接导致资源使用不足。由于技术知识具有正的外部性的特点，专利制度赋予发明人对其发明临时的垄断权利以实现发明收益的内部化，从而达到激励技术创新的目的。与有形物的产权类似，专利制度这一使发明创造产权化的安排也是一种避免"公地悲剧"的措施。但与有形物不同的是，技术知识具有互补性的特征，单个技术很难独立存在于其他相关技术之外。在知识经济社会，知识分工越发细密，处于某一技术领域的不同片断上的各项技术被太多的企业拥有并专利化。在 TRIPS 大大提高专利保护程度的当代背景下，利用这些技术并生产出终端知识物化品以供消费者使用的企业需要获取太多的专利权人的授权与合作，而达成合作的成本太高，导致该领域的技术合作无法达成。在专利数量急剧膨胀的今天，专利技术的片断化和割裂极大增加了专利技术领域成就"反公地悲剧"的可能。总体而言，20 世纪 80 年代以来建立起的亲专利制度体系已经导致对专利的过度保护，打破了原有的专利政策在专利权人与社会公众之间的利益平衡，对创新并不有利，而增强了对创新的阻碍作用，走向了专利制度激励创新的政策目标的反面。

（2）"Patent Troll" 现象泛滥

专利钓饵是一类现象，即使其影响在美国已经显现，批评和支持的意见都很多，人们还是难以对其含义达成一致意见。专利钓饵主要是指那些不以生产制造为目的持有专利的实体，以专利侵权诉讼为手段要求从事实体经营的企业支付专利许可费的现象。专利钓饵现象以及专利钓饵公司在美国的出现并非偶然，应该说这是美国长期执行亲专利政策、资本逐利等诸多因素共同推动的结果。2000 年左右互联网泡沫破灭之后，大量高科技公司倒闭，留下了大量技术水平高，但是价格低廉的专利。一些资本趁机低价收购并持有这些专利，为以后专利钓饵现象泛滥提供了基础。专利钓饵现象主要发生在电子、通信和互联网领域。一些上述领域的知名公司都曾经遭受过专利钓饵公司的干扰。表 3.1 列出了从 2004 年到 2009 年曾经遭受过专利钓饵现象侵扰的公司。

表 3.1　　2004 年到 2009 年曾经遭受过专利钓饵现象侵扰的公司

序号	公司名称	2004 年	2005 年	2006 年	2007 年	2008 年	2009 年	总计
1	Apple	4	3	3	12	13	21	56
2	Sony	4	7	5	10	12	17	55
3	Dell	4	3	8	10	8	17	50
4	Microsoft	3	5	6	12	13	10	49
5	HP	6	3	5	10	11	13	48
5	Samsung	5	4	8	14	11	6	48
7	Motorola	1	6	4	12	14	9	46
8	AT&T	2	2	6	17	10	7	44

续表

序号	公司名称	2004 年	2005 年	2006 年	2007 年	2008 年	2009 年	总计
9	Nokia	2	7	3	10	9	11	42
10	Panasonic	6	8	4	6	5	11	40
11	LG	—	7	3	12	9	8	39
12	Verizon	3	3	3	14	7	7	37
13	Toshiba	5	5	4	9	5	8	36
14	Sprint Nextel	2	3	3	11	8	7	34
15	Google	3	1	3	10	7	9	33
16	Acer	2	3	4	7	8	7	31
16	Time Warner	2	6	6	9	5	3	31
18	Deutsche Telekom	—	5	2	12	5	5	29
19	Palm	1	3	3	5	10	6	28
21	Cisco		3	—	13	6	5	27
22	Fujitsu	3	1	3	3	7	8	25
22	IBIM	4	1	3	6	2	9	25
24	Intel	1	9	2	1	7	4	24
24	RIM	—	3	2	3	11	5	24
24	HTC	—	—	3	5	10	6	24

数据来源：PatentFreedom，2010 年 4 月 1 日。

尽管对于那些遭受专利钓饵公司侵扰的公司来说，专利钓饵宛若梦魇。但是美国国内对专利钓饵现象的认识一直没有形成一致意见。对专利钓饵现象的批评主要集中于三点：①它们专事于提起许多无意义的专利侵权诉讼，浪费宝贵的司法资源；②专利钓饵公司贪婪的收费，提高了生产制造企业的成本，而这些提高的成本最终将转嫁给终端消费者，其结果相当于向全体国民"征税"。③专利钓饵公司的示范作用，加剧了自然人和企业对专利的追逐，导致"专利丛林"现象进一步严重。而支持专利钓饵现象的人则认为，相对于世界其他国家，对美国来说最重要的资产是知识产权。美国全部财富的75%是由包括知识产权在内的各种无形资产构成，显然知识产权是其中最具活力和价值的部分。在这种环境下，诞生和发展各种专门管理知识产权的公司显然并不奇怪，而且这种公司的出现和发展正是美国经济进入知识经济时代的一个重要标志。同时，专利钓饵公司给予了自然人发明人和小公司以专利权对抗大型公司、维护自身合法权益的途径。

2. 专利过度保护和社会公共利益的忽视

（1）公共健康问题

传统的知识产权理论认为，如果没有专利的激励，很难相信私营企业会在药物发现或开发上进行巨大的投资，许多药物目前既在发达国家也在发展中国家使用。但证据显示，知识产权制度对发展中国家流行疾病的研究工作几乎起不到任何作用，但在发达国家有可观市场的疾病则不同（如糖尿病或心脏病）。知识产权保护的国际化也不太可能会增加私营企业对主要影响到发展中国家的疾病治疗的研发投资。专利保护影响药品的价格。在发达国家，同质产品的竞争会导致价格急速下降，在市场容量足以容纳多家同质厂商的情况下更是如此。在不实行专利制度的发展中国家，有较多的人买得起他们需要的药品和医疗服务。但 Trips 协议生效之后，在没有充分竞争的发展中国家，专利药品要远高于其在发达国家的价格。

一般认为，"强制许可"制度是帮助发展中国家以较低价格取得药品的措施之一。在有充分理由的前提下，国家可以许可其他制造商生产受专利保护的药品。在与专利药品生产商进行价格商谈时，可用这项措施作谈判筹码。WTO 多哈部长级会议发表的关于 Trips 协议和公共健康的声明即强调指出可以利用强制许可制度增加药品供应和提高公众健康水平。

有人认为，专利保护有助于建立差别定价机制，使发展中国家的药品价格低于发达国家。但是要让差别定价机制发挥作用，就必须防止低价药品从发展中国家返销到发达国家。发达国家应当建立并加强其立法，阻止进口原产于发展中国家的低价药品，帮助维持差别价格。但是如果发展中国家能够从世界其他地区买到价格更低的专利药品，就应当采取立法措施促进这类药品的进口。

许多人建议，鉴于多数发展中国家的研究能力不强，而授予大量技术专利权的政策给它们带来的好处不多，专利导致的价格上升反而会使它们遭受损失。因此，为了鼓励研究，发展中国家应当制定严格的专利授权标准，避免给对本国健康水平价值有限的技术授予专利权。发展中国家的专利制度应当以促进竞争为目标，并防止专利制度的滥用。

（2）气候变化和专利转移问题

应对全球气候变化的挑战，最终要依靠技术进步，而在现有技术条件下，跨国技术转让是后进国家促进知识共享、提高技术水平、鼓励创新、改善市场准入、增强竞争力、改善全球气候环境的有效手段。2007 年的《巴厘行动计划》强调技术开发与转让、提供资金来源和投资是减缓与适应气候变化的重要手段。知识产权相关国际贸易规则对于绿色技术转让有举足轻重的作用。但发达国家与发展中国家在跨国技术转让上关于知识产权的分歧巨大。

2009 年，美国修改了相关的法律，加强了绿色技术转让和扩散的壁垒。美国众议院通过了《清洁能源和安全法案（2009）》、《对外业务和相关项目融资拨款法案（2010)》以及《2010 和 2011 财政年度外交关系授权法案》，这些法律包含了对美国参加任何国际气候变化事务的限定条件，同时规定有关气候变化对外资金援助的条件以及严格执行现行国际知识产权法律制度的要求。国会的这些规定束缚了美国政府在气候变化谈判中的手脚，在一定程度上是通过知识产权来推行其贸易保护主义。因此，美国政府在知识产权问题上一直态度强硬，在 2011 年 8 月波恩气候变化筹备会议上，美国明确指出不承认与应对气候变化有关的强制许可，并要求将知识产权议题从谈判桌上拿走。2011 年，美国专利商标局公布了一项新的规则，将加速绿色技术的专利授权程序。在哥本哈根会议上，美国声称会承担减排义务，但是资助资金不会流向中国。美国总统奥巴马在 2010 年 1 月初公布了一项 23 亿美元的税收优惠计划，旨在通过推动绿色能源来增加就业。美国正在利用知识产权制度，维护其在绿色经济中的技术优势，占领新的产业制高点。

发展中国家始终担心发达国家以绿色技术受到专利保护为由，以知识产权为借口逃避其应当承担的技术援助的国际责任。在曼谷召开的气候变化筹备会议上，玻利维亚提交了一份非正式的会议文件，文件明确指出"知识产权已经成为环境友好型技术以及相关的技术秘密转移的障碍，必须采取紧急行动来克服这一障碍"。此外，发展中国家还担心气候变化将导致新形式的贸易保护主义，发展中国家将被阻挡在新的市场之外。因此，在曼谷会议上，发展中国家要求在会议文件中明确要求加入强制许可的规定，主张："在与其国际义务保持一致的条件下，各方如果能够证明特定的专利和许可行为对相关技术的转让构成障碍，并阻碍该技术在该国的使用和扩散，则该国为了减缓和适应气候变化的目的，有权对该技术发布强制许可。"

《联合国气候变化框架公约》认可技术开发与转让对应对气候变化的关键作用，也明确了发达国家以优惠条件向发展中国家转让绿色技术的义务。然而，在对技术转让至关重要的知识产权问题上，各国却很难达成共识。国家利益使得气候变化中的知识产权分歧短时期内难于弥补。南北分歧仍然是导致二者在绿色技术转让的知识产权问题上难以达成一致的根本原因。发达国家不愿意也不可能将作为核心竞争实力的绿色技术拱手让与发展中国家。同时，绿色经济有可能加剧南北分化：发达国家希望通过促进发展中国家减排使它们自动套上"紧箍咒"，通过向发展中国家输出"清洁型发电站"、"绿色家电"、"环保汽车"等发达国家控制的新一代技术，从而再次主导新的国际经济秩序。

主导未来绿色产业发展的关键在于知识产权。正像美国当年在信息产业发展初期注重创新并抢占知识产权，从而保证其在数十年全球经济发展中占据强大优势一样，谁能在战略性新兴产业上掌握核心技术和知识产权，谁就能把握先机，赢得发展主动权。据统计，受全球性金融危机的影响，2009 年我国受理国外专利申请同比降低 10%，但太阳能光伏电池等领域相关专利申请却呈增长态势。发达国家力图掌握这一新兴产业发展主导权的用意十分明显。可以预见，知识产权，特别是专利权将成为绿色产业发展的竞争制高点。

3. 专利管理的变化

（1）专利审查与管理面临的挑战

在专利制度中，随着技术复杂性的增加，已经导致了在复杂技术领域的专利倾向（每项创新的专利数）增加。较高的专利倾向被广泛认为是专利申请数量增加的主要原因，并且导致专利局申请积压增多（没有审查的专利申请库存）。为了更好地审查申请，专利审查机构需要有高水平知识和技术的人员，但是，即使大的国家专利局也没有足够经验丰富的审查员来应对申请量的快速增加，更何况这些新增申请中的新技术还在飞速发展并且极其复杂。申请积压会导致审批时间延长，有时延长的时间会超过高科技领域产品的生命周期，致使专利保护过期。这可能意味着人们将会质疑专利制度的价值。例如，移动电话制造商每 18 个月就能生产出新款电话，那么获得专利权又有什么用呢？工业将会注重其他的权利，寻找另外一种保护方式。

当技术开始解决纳米级的问题时，不同类技术间的区别变得模糊起来；未来"纳米技术将无处不在"，就像现在无处不在的计算机系统一样。美国国家科学基金会和美国商务部的一项报告表明，随着时间的推移，技术的出现可以用两条重叠的 S 曲线来描述：一条代表计算机和通信革命在今天取得的成就，而另一条（才刚开始）代表着 NBIC 的革命，即纳米技术、生物技术、信息技术和认知科学的综合。逐渐增强的学科交叉性（例如，纳米技术、生物技术、信息技术和认知科学的综合）也给专利局的审查带来越来越多的难题。多学科交叉技术也给专利管理人员带来新的挑战：如果深刻理解一个专利申请的概念可能需要四种不同学科知识，而不是一种，那么如何对其专利性进行评估呢？

　　今天专利局能快速地适应技术变革，这体现在专利局的工作方式上，尤其是在专利申请审查方面。现在，由信息通信技术工具支持，使信息和创意由知识产权机构共享，也和外界分享，如和技术专家和信息提供者分享。这些变化使得专利局能更快地依法审查专利。各国专利局专利信息服务也已改善，并且根据改进的搜索工具，包括新的 Web3.0 和专利规划，提供广泛的信息。通常提供有关专利特许和搜索的信息，使技术标准不侵犯现有专利权便可确立。商业公司在提供这些服务方面也发挥着重要作用。在一些大型专利审查机构，如日本专利特许厅和欧洲专利局，开始试行计算机翻译技术。计算机翻译可用于几乎任何语言。计算机翻译的运用，任何专家，无论来自于哪个国家，都可利用现有技术。语言不再是障碍，而且翻译已不再构成获得专利所需费用的重大比例。

　　（2）企业的专利联合与反垄断

　　随着市场竞争的加剧，企业之间越来越倾向于结成专利联盟，以对抗和降低市场的竞争性，从而引发新型的垄断问题。企业联合结成专利联盟已经成为各国市场监管机构的重要关注对象。有关这方面的问题请参见《专利权滥用的反垄断法规制》（张玲，王洋）一文。

4. 专利制度与全球经济格局的新形势

　　（1）全球经济一体化向区域化发展

　　经济全球化由跨国公司直接推动，但是其背后的力量却是国家。WTO成立之时，经济全球化的一套规则，包括知识产权制度，由发达国家所主导，考虑的是全球范围内的投资、贸易的自由流动。但是从单个国家的角度而言，经济全球化却是非中性的。经过近二十年经济全球化的冲刷之后，经济全球化的面貌即将发生较大的改变。金融危机及其导致的全球经济、政治格局的变化，正在加速经济全球化向新的方向转变。

　　全球经济复苏对国际贸易的依赖性增强。从历史经验看，国际贸易能深化社会分工，提高劳动效率，革新经济体制，扩大内外市场，对经济发展起到至关重要的作用。荷兰、英国、美国等大国崛起的发展历程表明，贸易中心国家都是经济强国。国际贸易增速一般是世界经济增速的1.5倍左右，1948~2007年，世界出口年均增长9.7%，明显超过同期世界经济和人口增长速度。国际金融危机后，出口前所未有地迅速成为世界经济的引擎，创造了经济全球化条件下贸易拉动经济复苏的典型案例。国际金融危机严重打击了国际贸易，进而导致世界经济深度下跌。2009年二季度，世界贸易额同比下降33%，世界经济陷入谷底。2010年以来，国际贸易复苏不断超过预期，迅速回升。据世贸组织统计，前三季度同比增长23%，预计2010年世界贸易量增长13.5%。发达经济体和新兴经济体出口均出现显著增长。2010年以来，部分发达国家经济依靠较强的出口能力实现较快复苏，不仅缓解了经济失衡压力，也使净出口成为经济的重要拉动因素。美国1~10月出口同比增长21.5%，高于美国经济三季度的增速2.6%；德国1~9月出口增长14.1%，净出口为二季度德国经济贡献了1.4个百分点；日本1~11月出口增长33.9%，实现贸易顺差686亿美元。新兴市场内需大幅增加带动贸易伙伴出口回升。国际金融危机后，新兴市场工业生产和销售明显好于发达国家。2010年前11个月，中国进口同比增长40.3%，其中来自美国、欧盟和日本的进口分别增长32.2%、32.6%和36.9%，来自俄罗斯、巴西、东盟、南非、印度等的进口分别增长21%、32.8%、47.5%、64.1%和53.6%，对促进相关国家的经济增长发挥了积极效应。

经济全球化向区域一体化方向发展。国际金融危机导致国际贸易、投资严重萎缩，引发一部分人对经济全球化的质疑和反思。部分国家民众出现"经济民族主义"、"排外主义"等各种反全球化行为，实施自由贸易和开放政策的民意基础受到削弱。国际金融危机后，各国加强经贸往来的愿望更加迫切，但由于多边贸易体制中各成员经济发展不平衡，发达成员主导着国际贸易规则的制订，发展中成员的利益常常被忽视。如何协调成员间经贸利益关系成为多边贸易体制未来发展的重大挑战。在多边贸易体系进展不顺的背景下，以自由贸易区为核心的区域经济一体化建设方兴未艾。绝大多数世贸组织成员参加了一个以上的自由贸易协定，建立自由贸易区成为区域经济一体化的主要实现形式。区域经济贸易合作由浅层次的贸易和生产一体化向包括服务贸易、投资、知识产权保护、政府采购和竞争政策等在内的深层次一体化加速转变，其对国际贸易和世界经济的影响也日趋明显。

（2）各国不断加大科技研发和产业化投入

历史经验表明，每一次危机过后的萧条和复苏阶段都伴随着大范围的资本重组和新发明、新技术、新设备在生产领域的大规模应用。未来 10 ~ 20 年，世界极有可能会发生一场以绿色、健康、智能和可持续为特征的技术革命和产业革命，进而引发新的社会变革。金融危机发生后世界各国在高技术投入上都不断加大，重点也进一步聚焦，高技术研发组织模式上也不断涌现新的创新。

金融危机之后，世界主要国家加大高技术研发投入。2009 年 2 月《美国复苏与再投资法案》提出，到 2025 年，联邦政府将投资 900 亿美元用于新能源技术有关项目，主要包括发展高效电池、智能电网、碳储存和碳捕获、可再生能源如风能和太阳能等。该法案还计划投资 190 亿美元用于推广应用先进的医疗信息技术，实现美国医疗数据的电子化。2009 年航空航天技术领域投入由 2005 年的 111 亿美元增加到 2008 年的 125 亿美元。2010年，美国网络与信息技术研发计划从美联邦政府获得 39 亿美元的资助，比 2009 年增加 4400 万美元。此外，该计划还可通过《恢复与再投资法》获得 7.06 亿美元投资。

日本 2009 年 4 月公布了由 835 名专家参与制定的《2009 年技术战略路线图》，路线图内容分 8 大类：信息通信，纳米技术与材料，系统与新制造，生物技术，环境，能源，软力量和交叉领域，共计 30 个技术领域。2009 年，作为日本政府科技预算核心的科学技术振兴费增加了 1.1%，从 13.628 亿增加到 13.777 亿日元。并且危机后日本政府科技投入进一步向重点方向和领域倾斜与集中，创新性技术增加了 9%，环境能源技术增加了 16%。此外，日本 2009 年 5 月决定投资 2700 亿日元，新设了"支援尖端研究制度"，重点支持医疗、环境和材料等领域。

2008 年欧盟第七框架计划中预算为 33.04 亿欧元的专项合作计划主要针对高技术领域，其中信息通信技术 10.42 亿欧元，健康 5.69 亿欧元，纳米科学、纳米技术、材料和新制造技术 4.03 亿欧元，能源 2.2 亿欧元，食品、农业和生物技术 2.14 亿欧元，环境与气候变化 2.25 亿欧元，交通与航空 3.33 亿欧元，空间 1.11 亿欧元，安全 1.01 亿欧元。此外，欧洲原子能共同体计划 2008 年预算为 3.68 亿欧元。

韩国和印度等国也加大了高技术部署。韩国教科部所属"成长动力总括调整委员会"对 12 个民间主导重点项目进行了选定，主要涉及新再生能源、生物制药、尖端医疗器械、机器人应用、新材料与纳米融合技术等。印度从满足国家经济和社会发展需要方面重点加大了农业、医药、能源环境以及绿色制造技术投入，从提高印度企业国际竞争力方面加强了纳米技术在农业和医学上的应用，生物能源、生物材料、干细胞、基因组学、新型制造工艺等研究。

各国高技术研发重点不断聚焦。应对气候变化、能源问题、水资源保护、传染病防治等全球性问题不断加剧，也促使世界高技术研发重点不断聚焦，气候变化、能源、生命与健康、环保、信息、纳米技术等成为各国共同关注的重点，围绕高技术发展热点的竞争也日趋激烈。金融危机后，美国、日本、欧盟等世界主要发达国家和组织在此次金融危机中大多选择战略性新兴产业作为突破口。新能源被美、欧、日视为"领导 21 世纪的技术革命"，有可能成为未来的主导产业；生物产业的增长率达 20%，生物产业成为国际金融危机中的高抗风险产业，全球生物产业销售额几乎每 5 年翻一番，增长速度是世界经济平均增长率的近 10 倍，预计到 2020 年，全球生物经济总销售额将达到 15 万亿美元，极有可能取代信息产业，成为新兴支柱产业；纳米技术潜力巨大，据预计，2014 年全球纳米技术市场规模有望达到 2.6 万亿美元，将占全球制造业的 15%；信息技术仍然有较大的发展空间，将向高速化、微型化、一体化和网络化方向发展。

各国都把科技创新投入作为最重要的战略投资，把发展高技术及其产业作为带动经济社会发展的战略突破口，培育战略性新兴产业，创造新的经济增长点。围绕培育战略性新兴产业，世界主要国家都结合本国的特点和优势进行了部署。美国高技术发展的重点主要集中在生物技术、先进能源技术、纳米技术、信息技术与太空探索技术。欧盟高技术发展的重点主要集中在信息通信技术，生物与健康技术，能源与环境技术，以及纳米科学与技术、材料和新制造技术；日本高技术发展重点主要集中在生命科学、信息通信技术、能源技术，以及材料技术与纳米技术。从以上分析可见，世界高技术发展重点更加聚焦，竞争也愈加激烈。

各国的高技术研发组织方式也在不断创新。世界主要发达国家不仅在高技术投入上增加强度，同时在研发组织方式上也不断创新。一是围绕重大问题进行系统设计、整体推进。例如美国在新能源方面，不仅投入近千亿美元的经费，而且还投入 4 亿美元成立"能源高级研究计划局"，系统设计和组织先进能源领域技术研发，投入总经费达 7.77 亿美元建立 46 个能源前沿研究中心。目前提出了智能电网、二氧化碳捕捉与封装、电动汽车用电池、太阳能光伏发电、风能和生物质能等关键技术方向，并构建大学、公司和国家实验室之间的伙伴关系，培育研发基地等加快能源领域前沿技术的研究开发和推广应用，加快先进能源技术产业化。二是集中资源攻克核心技术。日本专家在智能电网技术研发上进行充分研究，建议政府从智能电表、能源管理系统、功率调节器、超导输电线和太阳能发电 5 个方面，组织大崎电器、富士电机、松下、日立和东芝等优秀的大公司，集中日本的优势资源进行研发。三是资助方式与制度创新。欧盟为了推动科技发明创新，在研发框架计划中推出了联合技术行动，即政府重大科技专项由公共资金与私人资金共同参与完成。目前已经推出 6 大项目，涉及燃料电池、创新药物、航空、纳米、信息技术、环境与安全监测等战略领域。日本政府在 2009 年度的补充预算中增投了 2700 亿日元基金设立了支持前沿尖端技术研究制度，大力扶植可能在未来 3~5 年内达到世界顶尖水平的研究项目，

3~5 年内对单项研究项目的资助可达 30 亿~150 亿日元。

(3) 制造业国际分工的新变化

经济全球化所带来的国内和国际市场竞争压力促使企业在全球范围内寻求更有效率的供应商和合作伙伴，制造业网络合作、分权和组织内一体化的性质逐步强化，并对制造业组织方式和国际分工带来深刻影响。

竞争推动制造业开放程度不断提高，有利于发展中工业化国家制造业发展。市场经济体制带来的竞争压力逼迫美国等发达国家将一些制造活动转向海外，采取开放程度较高的组织方式。竞争程度较低时，一个国家和地区倾向采取垂直一体化方式生产具有比较优势的产品，从事从上游到下游整个生产阶段的生产。竞争程度较高时，跨国公司根据需求和成本变动选择生产地点和协调生产，通过海外投资为母国市场生产中间产品和最终产品。发达国家制造业企业必须与其国际伙伴合作才能完成新产品开发并将其推向市场，每个企业按其能力和贡献取得相应价值，具有创新能力的发展中工业化国家的企业可以获得更多参与国际制造体系的机遇。这导致制造业开放程度不断提高，制造业中间产品和最终产品进出口都在提高。尤其是部分高中技术制造业迫于竞争压力可能采取开放程度更高的组织方式，为中国等新兴工业化国家制造业向产业链高端环节转移创造了条件。这就好像一个阶梯，各个国家都在攀登这个阶梯。美国等一些发达国家处于质量阶梯的顶端，制造高质量产品。发展中国家处于质量阶梯的中下端，并向顶端攀登。发展中国家之所以能够向顶端攀登，原因在于高中技术产业产品复杂程度较高，单一企业很难掌握所有专业技术知识和制造能力，很难自己承担所有投资和成本，只能寻求外购。从价值分配看，制造业产品一般含有少数高价值零部件，这些高价值零部件含有知识产权，成本高，构成最终产品总增加值的很高比例。随着技术进步和竞争加剧，这些零部件迫切需要采取外购方式。在这个背景下，中国等处于发展中、低技术制造阶段，但也可以利用生产分割体系积极发展高端制造，掌握先进技术，积极培育从事知识密集、高技术产品制造、更加专业化的企业，提高从低附加值向高附加值转移的能力，实现产业升级。

核心企业主导组织方式选择和价值链分配，专业化成为制造业竞争力更加重要的来源。作为现代产业组织创新和产业发展的新趋势，生产分割使最有效率且布局在有竞争力地点的制造业企业得以发展壮大，这促使制造业向竞争力强的中间产品制造企业和最终产品组装企业集中，向综合条件较好尤其是成本较低的地点集中。结果一个国家和地区不再可能包揽制造业产品设计、研发、制造、营销的所有活动，制造业国际分工不再简单地按着水平方式区分为高技术产品和低技术产品，而是采取垂直专业化方式划分为处于产业链低端环节和高端环节的不同国家和地区的公司参与一个产品的生产过程，集中于某些具有比较优势的生产阶段，从事给定产品部分阶段的生产。生产分割和外购导致垂直分工和专业化不断深入，从其经济学本质看是位于不同国家和地区的企业通过专业化协作和分享规模经济、范围经济来提升产业竞争力的经济现象。生产分割的实质是产业链不同环节各企业之间的专业化分工和协作，包括从事研发、设计、营销、品牌管理的核心企业，从事中间产品制造和最终产品组装的专业化企业。在这种组织方式下，核心企业通过掌控产品设计、研发和营销等活动主导组织方式选择和价值链分配，专业化企业通过提升技术能力和制造能力提升话语权。只有打造一批在供应链顶点掌控知识产权、在生产分割体系和全球价值链形成中具有主导作用的核心企业，不断深化产业分工与协作体系，才能使国际分工地位有利的制造业提升国际竞争力。

国际竞争逼迫发达国家制造业加快转向高端。过去几十年美国经历了持续的去工业化过程，制造业增加值和就业人数占 GDP 及总就业人数的比重持续降低。去工业化给美国就业和经济发展带来不少突出问题，引起朝野各界对再工业化问题的广泛讨论。经过这次金融危机，美国等发达国家主张发展制造业，改变经济过分依赖服务业特别是金融服务业的呼声不断高涨，政府已经重新将制造业视为解决就业和经济问题的措施。可以肯定，美国的制造业虽然面临不少的问题和困难，但它毕竟是全世界最先进的制造业。美国拥有世界最高技能的劳动力和最先进的装备，是世界上制造业最发达的国家和先进制造业发展最快的国家，100多年来一直是世界制造业的引领者。随着制造业开放程度的提高，美国越来越担心尖端、高端产品制造向海外转移，使相关知识和技术从研发阶段成为参与各方的"公共产品"，本国企业由此会失去知识产权。最近几年美国国内对大型喷气式飞机外购可能带来的影响进行了广泛讨论。在波音公司商用飞机制造中，国外风险共享合作者控制二、三级供货，掌握复杂子系统设计、制造、组装等关键技术。一些人担心美国飞机制造技术扩散到外国公司，提升外国企业包括其他发达国家和新兴工业国家企业的竞争优势，损害美国企业独立创新能力。上述担忧反映一个倾向，即美国已经着手实施再工业化。美国等发达国家虽然不具备成本优势，但其劳动力普遍受过良好教育，拥有较高技能，具有知识、技术和无形资产优势，可以从事更复杂、更先进的制造领域，发展技术密集程度更高的制造业和知识密集型服务业，克服劳动力成本高的劣势，成为更有效率的制造国。可以预见，美国发达国家制造业将以高技术和高端为重点的制造业，进行更加专业化的生产，更集中于制造研发和技术能力要求较高的复杂产品，尤其是别的国家无法制造的产品，谋求提高产品质量、创新能力和差异化竞争能力，其结果可能进一步提高美国尖端制造业相对其他经济体的优势。

三、近年来专利制度发展的新动向

1. 新技术发展对专利制度的影响

专利制度主要是作为调整平等主体之间的创新成果及其利益分配关系而存在的，应对新科技的发展是专利制度发展的一个主要考虑因素。进入21世纪以来，科技发展明显加速，无论是大众消费文化还是科技创新模式都发生了较大的改变。与此同时，科技以及生产也在朝着绿色、环境友好型方向发展。近期，各国专利法在这方面表现在以下三个点上。

（1）程序用户界面成为专利保护主题

程序界面即计算机程序/软件的用户界面，是供用户与计算机程序交互的可视工具。程序界面与计算机程序一样，也是一种智力成果，在过去的很长时间里，各国多以著作权的方式对其提供法律保护。但最近国际上出现了对程序界面提供专利保护的先例。在最近的 MP3 专利竞争中出现了类似"苹果 iPod 界面专利"、"播放器显示界面专利"等说法，这不仅体现出程序界面的重要性，同时也体现出寻求专利保护的倾向。

在创新公司向美国专利商标局提交的一份专利申请中，一件涉及播放器显示界面的发明专利，其中授权公告的独立权利要求 1 的内容如下：

"1. 一种从存储在便携式媒体播放器的计算机可读介质的多个音轨中选择至少一个音轨的方法，所述播放器配置成在媒体播放器的显示器上连续显示第一、第二和第三显示屏幕，根据一种层级来访问多个音轨，在所述层级的第一、第二和第三级中分别具有多个类别、子类别和条目。所述方法包括：

在便携式媒体播放器的第一显示屏幕上选择一个类别；显示属于在所选择类别的子类别，以列表形式显示在第二显示屏幕上；在第二显示屏幕上选择一个子类别；显示属于在所选择子类别的条目，以列表形式显示在第三屏幕上；和基于在显示屏幕之一所做的选择访问至少一个音轨。"

该申请所要保护的主题更准确地说是一种程序界面的操作方法，说明书中指出该方案对于显示区域有限和控制钮较少的播放器，便于用户有效和直观地在选项中导航。该专利申请是在 2001 年提出的。但是通过分析该权利要求书，可以看到所述的权利要求的内容实质是对播放器显示界面的一种操作安排，属于一种智力活动的规则。根据美国对计算机程序保护的倡导以及侧重于实用性的保护理念，美国给予程序界面操作方法的保护是不足为奇的。

在我国也有类似的申请。富士公司在我国提交的一件发明专利申请，涉及一种画质选择方法，能够很容易地向使用者显示出像素数与压缩率以什么样的方式组合设定。该方法在用于进行摄影画质设定的设定画面上，将像素数的图像压缩率的候补选项以二次元的形式表现出来，以便使像素数和压缩率的设置更加方便、容易，最好同时显示像素数与压缩率的组合以及根据记录载体的容量而算出的可摄影张数和可动画摄影时间。该申请的权利要求书中权利要求 1 的内容如下：

"一种画质选择方法，其特征在于，在用于进行摄影画质设定的设定画面上，以二次元布置形态显示出摄影像素数的候补选项和画像压缩率的候补选项，在向使用者提示可选择的摄影像素数与画像压缩率的组合形式的同时，在该画面上接受光标移动指示并且通过确定光标位置来改变设定该光标位置的摄影像素数和画像压缩率。"

该专利申请所要保护的实质也是一种程序界面的操作方法，所不同的是该权利要求更加明确地指出了程序界面的设置。不论是说明书还是所要保护的技术方案都强调所谓二次元布置的设置选项，正如申请人所说，通过选择所述选项就能够同时选择像素数和压缩率，从而带来操作上的便捷性。但是根据专利法保护客体的判断原则可以看出，为解决所述问题并未采用任何技术性手段，仅仅在设置界面上安排了两个选项而已。该申请以不符合《专利法》第 25 条第（二）项的规定而被中国国家知识产权局驳回。富士公司在日本的申请仍在审批过程中。

在美、日、欧等知识产权发达国家，对计算机程序的专利保护发展到现在保护力度已经相当高了，程序界面与程序的密切关系，或者说计算机程序保护向广度扩展，在一定程度上将促使程序界面保护的发展。从计算机程序的发展道路来看，由保护力度不足的著作权法保护发展到专利法保护，由间接侵权保护的非便捷性的程序方法的保护发展到程序产品的保护。程序界面操作方法发明专利申请的出现已经预示着程序界面作为产品保护的趋势，其发展道路很可能就是计算机程序保护的发展道路。国际上一些大公司也将会成为新趋势的推动者。

（2）美、英、韩等国家为绿色技术开辟快速审查通道

日本是较早实行专利加快审查的国家。早在 1986 年，日本专利局就创

立了加快审查制度。对于符合一定条件的专利申请，根据申请人的请求可实行加快审查①。2003 年，日本《知识产权基本法》第十四条规定：国家要采取完善审查体制等必要措施，使所需手续迅速而准确地完成，从而尽快确立权利，以便企事业单位能顺利开展经营活动。从 2003 年开始，日本政府每年发布《知识财产推进计划》，立足《知识产权基本法》，通过每年的推荐计划细化知识产权各方面的工作，专门成立"加快审查推进本部"，推进加快审查活动计划，负责审视和调整专利审查进程中的各种问题。具体的做法有以下几种。

①优先审查程序。为有特殊情况的申请人提供优先审查程序，范围涉及：发明已经实施或有望在两年内实施的专利申请；不仅在日本国内而且向外国专利局也提交了申请的专利申请；申请人为中小企业或资金有限的风险投资公司、大学、技术许可组织（TLO）或希望利用自己的研究结果造福于全社会的公共研究机构的专利申请。并不断扩大优先审查的适用范围。扩大现有技术检索外包量，积极向外扩充承包辅助审查的业务，为审查工作节省时间。

②加快审查。日本施行加快审查制度后的平均审查时间：在加快审查中，从申请到发出第一次审查意见通知书的时间缩短到平均 2.2 个月，并使整个审查周期由通常的 2～2.5 年缩短到平均 5.9 个月。

③特快审查。日本特许厅还创立了比加快审查制度更快的特快审查制度，该制度于 2008 年 10 月 1 日开始试行。运用该制度的第一件专利申请自 2008 年 10 月 1 日提出实审请求和特快审查请求后，仅用 17 天，即于 2008 年 10 月 17 日作出授权决定。

美国专利商标局在常规审查模式之外主要设有如下加快审查方式：传统的加快审查、专利处理快速通道（轨道一）、绿色通道、项目交换计划（加快的一种模式）。

①传统的加快审查。对于 2006 年 8 月以后实行加快审查的专利申请，

---

① 庆俊梅：《JPO 拓展和简化加速审查制度》，载《知识产权简讯》，2004 年第 37 期，总第 173 期。

美国《专利审查程序手册 2006 年修订版》对审查员发出审查意见通知书以及申请人的答复期限均作了具体规定。首先，为实现自申请日起 12 个月内完成专利审查的目标，美国专利商标局对于满足加快审查程序要求的专利申请会迅速（自加快审查请求批准后的两周内）开展审查工作。除授权决定外，美国专利商标局需先安排审查员与申请人进行会谈，若通过会谈仍未使申请文件满足授权条件，审查员再发出审查意见通知书。其次，对于美国专利商标局作出的审查意见通知书，除授权决定或其他最终决定外，申请人须在 1 个月或 30 天（取其长者）内做出答复，且该期限不能延长。申请人若未按时提交答复意见，该申请将被视为放弃。另外，审查员在收到申请人答复后，须在两个星期内作出最后审查决定。

②专利处理快速通道（轨道一）。美国专利商标局于 2011 年 5 月 4 日启动"轨道一"项目，开始受理专利申请优先审查请求，使得专利申请在 12 个月内得到审查。

③绿色通道。美国专利商标局于 2009 年 12 月 8 日提出一项试行方案，即绿色科技专利申请加速审查方案（Green Technology Pilot Program），此试行方案可让与绿色科技专利相关的申请人在无须提出审查辅助报告的情况下，提出专利加速审查的申请。其中，绿色科技专利申请是与替代能源、节能科技、温室气体减排、增加环境品质等相关的专利申请。

④项目交换计划（加快的一种模式）。为了适量减少美国专利商标局的待审专利申请积压，拥有超过一件专利申请的申请人，申请至今仍未结案的，可通过撤销一件未审查申请交换加速其另一件申请的审查。

韩国专利局在常规审查模式之外主要设有如下三种专利审查方式：加快审查、超快审查和延迟审查。其中加快审查，审查员在 3 个月内发出第一次审查意见通知书，6 个月内结案；超快审查，审查员在一个月内发出第一次审查意见通知书，4 个月内结案。

总的来说，世界各国均根据自己国家的情况制定了相应的加快和/或优先审查制度。主要发达国家/地区各自的加快和/或优先审查制度情况如下。

表 3.2　主要发达国家/地区各自的加快和/或优先审查制度

国家或地区	制度名称	请求对象	请求人	手续	追加费用	备注
美国（US）	Make Special 优先审查	所有申请均可请求优先审查，但是规定了许多事前提条件	申请人或联邦政府	①必须呈交记载了详细的请求理由的书面材料；②视请求理由的不同，需要提交检索报告、现有技术文献材料及其与本申请的对比分析	视申请理由不同，需缴纳130美元	
	优先审查	所有申请，在申请公开后申请公告前提出	除专利申请的人外的第三人	专利厅厅长在申请公告前认为非专利申请在后申请公开实施或者为由而如有必要时，可以令审查官将该专利申请优先于其他专利申请进行审查		
日本（JP）	早期审查	已提交实审请求且还没有开始实质审查，并且属于下列情况之一：①申请人正在计划实施或者实施其被许可人在2年以内计划实施其权利要求的发明；②申请人在日本以外的国家提交了相应的专利申请；③申请人，例如大学为学术团体，④申请人为小型企业或个人	专利申请人	提供书面证明材料，包括：①相关事项的记载。主要在标准表格中填写记载超早期审查申请的理由、提出主体的姓名或者名称，代理人的姓名等。②相关专利申请的记载。主要提供相关联的专利申请得以实施的证明，即在早期审查申请之日起两年内预定生产状况等。③对比文件对于相关的专利产品的地点以及专利产品出产的地点等。在存在外国专利局对于相关联的专利申请的检索报告的情况下，应当向日本特许厅提交上述检索报告所引用的对比文件。在不存在外国专利局对于相关联的专利申请的检索报告的情况下，应当对检索报告进行检索并且提交检索的对比报告，同时提供本申请与现有技术的对比	无	

续表

国家或地区	制度名称	请求对象	请求人	手续	追加费用	备注
日本（JP）	超早期审查	已提交实审请求且还没有开始实质审查，并且属于下列情况之一：①相关联的专利申请得以实施并且相关的专利申请已在国外提出；②超早期审查申请的所有手续必须在网上提出；③不是国际专利申请进入日本国内阶段的情况	专利申请人	与早期审查的手续基本相同。此外，必须以网上申请的方式向特许厅提出申请，不能采用邮寄提交的方式。另外，在答复日本特许厅发出的审查意见通知书时，也应当采用网上提交的方式。并且，意见陈述书必须在审查意见通知书发出之日起30日内提交（国外申请人2个月以内），该答复期限不允许延长。关于分案申请，未提交用来说明满足实质要求的情报的情况需提交请求书	无	
欧洲专利局（EP）	PACE 加快审查	全部专利申请	专利申请人	按照规定格式提出书面请求	无	
韩国（KR）	Preferential Examination 优先审查	①非专利申请人以实施有关专利申请的发明为由而有必要时：已经公开，已经提出实审请求；②根据总统令紧急处理的案件：已经提出实审请求，并且满足专利法实施令第9条的规定	并无特别的规定	按照规定的格式提出书面申请	基本费用约140美元，权利要求附加费用约33美元	

续表

国家或地区	制度名称	请求对象	请求人	手续	追加费用	备注
德国（DE）	Beschleunigungsanträge 优先审查	已提出实审请求的申请	专利申请人	书面提出所希望的申请理由	无	
英国（GB）	Combined Search and Examination 联合检索与审查	公开之前，未进行检索或者在完成检索后立即提出请求加快	专利申请人	①按照规定的书面格式同时提出形式审查、检索和实质审查请求；②在已经完成了形式审查的情况下提出同时进行实质审查	无	
加拿大（CA）	Advanced Examination 或 Special Order 优先审查	公开及提实审请求之后	规定上并无限制，实质上是专利申请人或发明实施人	①必须呈交记载了详细的请求理由的书面材料；②希望请求人能够提交检索报告	500加元（约合435美元）	
澳大利亚（AU/DE）	Expedited Examination 加速审查	公共利益，或者可通过早期审查获得利益的申请	专利申请人	书面提出加速审查的请求，也可以通过电话提出请求	无	
中国台湾（TW）	Prioritized Examination 优先审查	已经公开且已经提出实审请求；第三人基于商业目的需要实施，但已经开始实施该发明，或已经终止实施该发明的情形除外	专利申请人或发明实施人	按照规定的格式提供书面申请；提供证明商业实施的资料	无	

中国自 1999 年开始试行加快审查制度，十年间，发明加快审查的数量增长了近 12 倍。但从该审查制度的整体运用情况来看，总体上在 0.3% ~ 0.6% 之间。

2. 发达国家专利执法的进一步强化

WTO 成立之后，国际分工的主要形式从产业间的国际分工向产业内国际分工、产品内国际分工方向发展，目前产品内的国际分工成为国际产业分工的主流。国际产业分工利润分配形成一条"微笑曲线"。而这样一种国际产业分工及其利润分配模式能够形成的制度基础就是国际上高标准的知识产权保护水平，也就是在贸易领域实施高标准的知识产权保护。相应地，发展中国家则针锋相对地提出了对专利的限制条件。

（1）发达经济体日渐重视专利执法，尤其是美国近年来建立了行政联合执法机制

专利执法一直是发达国家专利制度实施过程中的主要内容，从近五百年的专利制度实施的历史，可以明显看出发达国家不断强化专利执法内容的变化趋势。近年来，随着国际市场融合度的不断提高，贸易中的专利执法问题日益突出。过去一向忽视行政执法发达经济体，日益重视行政执法在保护专利权方面的快速、便捷优点，强化了行政执法力度。尤其是美国近年来还建立了行政联合执法机制。

如何整合政府部门之间的资源，调动各方面的积极性，促进执法效率的提高，一直是美国知识产权执法的重点。1999 年，美国成立了全国知识产权执法协调委员会（National Intellectual Property Law Enforcement Coordination Council，NIPLECC）。委员会职责是在联邦和外国机构之间协调国内国际知识产权执法，并就各部门协调活动的情况，向总统及参众两院的拨款委员会及司法委员会提交年度报告。2005 年，美国国会又通过立法，扩大了委员会的职责范围，包括确定国际知识产权保护和知识产权执法的政策、目标及战略，制订在海外保护知识产权的战略，协调并监督政府部门实施

这些政策、目标、重点及战略。委员会的成员包括：副贸易代表，负责刑事局的助理司法部长，海关委员，商务部副部长及专利商标局局长，负责国际贸易的商务部副部长，负责经济及农业事务的副国务卿。司法部和专利商标局担任委员会的共同主席。但是，该机构的主要问题是缺乏对组成部门的持续领导，并且职责定位也不是很清晰。

2005 年 7 月，美国政府又设立国际知识产权执法协调员（Coordinator for International Intellectual Property Enforcement），其职责是协调联邦政府的资源，在美国国内外加强知识产权保护，同时担任全国知识产权执法协调委员会主席。然而，该协调员的运作效果并不明显。因而，法案新设职责明确、权力统一的知识产权执行代表，以期能使美国当前知识产权执行协调乏力的局面有所改观①。美国设立了知识产权执法代表办公室，以协调知识产权执法。该机构附属于总统行政办公室，其负责人为总统委任的知识产权执法代表。知识产权执法代表具有以下职责：负责发展、组织、便利相关政策、目标以及打击假冒盗版的"联合战略计划"（Joint Strategic Plan, JSP）的实施；向总统提供国内外知识产权执行政策的建议；为美国贸易委员会在涉及知识产权执行问题上的对外谈判提供协助；为保证知识产权执行政策之间及其与其他法律之间的协调，给各政府部门提供知识产权执行方面的政策导向；作为总统在国内外知识产权执行政策上的发言人；就知识产权执行问题直接向总统和国会负责并报告；就国内外知识产权执行所面临的机遇与挑战向总统和国会提出建议；向国会报告"联合战略计划"的执行情况，并就知识产权执行的措施提出改进建议。新设立的知识产权执法代表办公室职责明确，权力统一，起到了很好的协调知识产权执法的作用。

2008 年 10 月 13 日，美国总统布什签署《优化知识产权资源和组织法案》（案号：S3325）。该法案分别于 2008 年 5 月和 9 月在美国众参两院司

---

① 谭江："美国知识产权立法的最新动向——解读美国《优化知识产权资源与组织法案》"，《知识产权》，2009 年第 1 期。

法委员会以绝对多数票赞成获得通过。法案的主要内容包括：加强民事和刑事法律对假冒和盗版的惩处力度，以更好地构建美国知识产权保护体系；设立"知识产权执法协调者"，负责制定协作机制与战略规划，协调其他执法机构打击假冒和盗版，直接向美国总统汇报工作进展情况；加大对司法部打击知识产权盗窃重点项目的投入。整体上，法案的内容加强了知识产权保护，并且协调了各部门之间在知识产权执法方面的协作。

（2）美欧主导的双边或多边自贸协定中加强了对专利的保护

迄今为止，美国已经和 18 个贸易伙伴签署了自由贸易协定。在这些贸易协定中，大部分都加入了超越 TRIPS 协议的知识产权条款，也就是人们所称的"TRIPS – Plus"。美国政治学者苏珊·塞尔认为，美国政府在采用一种叫作"场景转换"的方式，即先与一个贸易伙伴签署自由贸易协定，提出 TRIPS – Plus 条款，随后在与另外一个国家的自由贸易协定中以前一TRIPS – Plus 规则为基础，争取更高水平的知识产权条款，逐步达到提高国际知识产权保护水平的目标。2007 年在与韩国签署的美韩自由贸易协定中，知识产权规则达到了顶点。

协定就限制专利实施强制许可的适用和关于因审查迟延而延长专利权期限的问题进行了规范。在强制许可方面，协定就其适用范围提出了三种限定条件：①为了改正在行政或司法环节中被判定为不公平行为的行为。②以公共目的使用，而非商业性目的。③在国家处于非常时期及其他极度紧急的状况下可实施强制许可。根据这些条件，关于专利实施的强制许可的范围将大幅度缩小。表现在：①通过多哈部长级会议而在全世界范围内得到确认的为了医药品出口而实施的强制许可将会变得无用武之地。②当专利权人不履行义务或不充分履行其义务时也无法用强制许可进行规范。③如没有得到专利权人的许可，除非国家到了非常时期，也无法从公共利益出发使用其发明。在因审查迟延而延长专利权期限方面，协定要求当专利权授权机关在审查阶段进行了长时间的审查，那么相应地延长专利权的存续期间，一般延迟的时间规定为三年。这一项规定来自美国，但如果在韩国引入这一制度，会产生大量专利权将延迟其权利期限的结果。在美国，审查官员每年处理的案件有 70 多件，但在韩国这个数字是 350 多件，是美国的 5 倍。

3. 各国专利审查合作日渐强化

（1）美日欧三边合作、美欧中日韩五局合作

2007 年 5 月，中美欧日韩五局局长在美国夏威夷召开五局局长会，五局合作由此开始。2008 年 10 月在韩国济州岛召开的第二次五局局长会进一步确定了五局合作的愿景，即"消除各局之间不必要的重复性工作，提高专利审查效率和质量，确保专利的稳定性"，并决定通过十项基础项目实现上述愿景，涉及共同的信息化建设、专利审查/检索策略、人员培训政策、审查质量管理等内容。

五局合作将通过工作共享的理念来争取其合作愿景的实现。目前，工作共享理念的落实主要体现在对十项基础项目（每局牵头负责两个项目）的推进上，这十项基础项目的推进计划为：

①共同的审查业务统计指标（SIPO 牵头）。各局按照共同的规则和指标统计、交流审查业务信息。

②共同的审查业务规则和质量管理（SIPO 牵头）。在五局范围内形成共同的审查业务规则，审查质量管理框架，审查质量检查标准以及评价标准，使各局能够在审查业务规则方面实现互通互用。

③共同的混合分类（EPO 牵头）。以国际专利分类（IPC）为基础，通过在其一些重要领域引入诸如 ECLA、FI/F－term 和/或 USPC 等内部分类表，以及充分利用 SIPO 和 KIPO 实施的最佳分类实践活动，将 IPC 发展到必要的深度。

④共同的文献（EPO 牵头）。将五局现有文献、根据需要随时增加的新文档和经过智能转换的文档收集在一起，建立五局共同的文献数据集。

⑤共同的申请格式（JPO 牵头）。推进各专利局受理共同申请格式的国

内和 PCT 申请，并由首次申请局（或受理局）在初期进行数字化（XML 格式），对申请后的流程也进行数字化处理，然后将所有申请通过 XML 格式在各局公开。

⑥对检索和审查结果的共同获取（JPO 牵头）。旨在通过一站式服务向用户提供对五局所有已公开的同族专利申请的案卷信息访问。

⑦共同的培训政策（KIPO 牵头）。通过共享培训课程信息建立最佳实践的共同标准。

⑧交互机器翻译（KIPO 牵头）。提供高质量的专利信息的机器翻译，从而增加机器翻译的专利信息的可信度。

⑨共同检索和审查支持工具（USPTO 牵头）。建设一个共同的检索环境，由各局常用的多个检索引擎和文献数据库组成。

⑩共享和记录检索策略的共同路径（USPTO 牵头）。记录审查员检索策略（包括各局内部检索和互联网检索），所记录信息详细说明所执行的检索行为，在各局之间共享并可以复制，以期帮助审查员充分理解其他局审查员的检索依据。

（2）主要专利大国开展"审查高速公路计划"

专利审查高速公路是为了推动迅速有效、低成本和高品质的专利保护，多国协同参与全球范围内简化专利制度的合作项目。在专利审查高速公路协议下，申请人收到来自一国专利主管部门针对一项专利申请中最少一项主张的有利裁定，可以要求其他收到相应专利申请的国家提前进入审查程序。由这两国的专利主管部门协调是否授予专利，申请人可以更快捷地在这两个国家获得专利。因此，专利审查高速公路的现实意义是在实务中最大限度地促进检索结果的相互利用。同时，后一个受理申请的知识产权局将充分利用初次受理申请的知识产权局所进行的审查工作以及申请者所提供的额外信息，这将有助于促进专利审查的工作效率，同时有助于授权高质量的专利。

最先开始试运行专利审查高速公路的国家是美国和日本，在没有开展

专利审查高速公路的合作前，日本向美国提出的专利申请的平均授权率是
53%，美国向日本提出的专利申请的平均授权率是65%，2007年实施专利
审查高速公路以后，授权率分别是93%和65%。可以看出专利审查高速公
路不仅促进了专利局工作的效率，也因为共享了审查工作成果而提高了专
利授权质量。经过从2006年7月开始一年半的试运行，两国对试运行的效
果都比较满意，因而在2008年1月28日开始全面运行专利审查高速公路。
2009年1月28日，美国和韩国的专利审查高速公路也从试运行转向正式的
全面运行合作。美国专利商标局和韩国知识产权局两局自2009年1月29日
开始正式启动专利审查高速公路项目。USPTO代理局长约翰·道尔指出，
美韩专利审查高速公路的正式实施标志着专利审查向全球共享迈出了重要
一步。KIPO局长高正植认为，试行期的成功运作证明，专利审查高速公路
项目不仅加快了申请人获得专利授权的速度，且提高了两局的行政工作效
率。专利审查高速公路项目的正式实施将推动"专利审查高速公路网络"
在全球范围内的发展。

　　根据专利审查高速公路制度，某些国家的知识产权局对所提交的专利
审查高速公路申请进行的初次审查期限将从27个月降至3个月以下。某些
国家知识产权局的专利审查高速公路申请授予率已经达到95%的高通过率，
其中，20%以上的专利审查高速公路申请仅需要通过一项程序即可获得专
利。专利审查高速公路试运行效率比传统专利审查效率要高许多。并且，
其中20%以上的PHH申请不需要第二个专利局再一次进行专利审查，仅需
再通过一项程序即可获得专利授权。显然，借助第一个专利局的审查工作
分享，第二个专利局的审查效率被大大提高了。因此，加强专利审查工作
中国家和地区之间的广泛合作，能够减轻各合作局的审查负担、减少重复
审查工作且能够提高授权质量。

　　专利审查高速公路将进一步推进全球专利一体化进程。专利审查工作
未来可能朝着提高审查效率、共享审查工作信息、审查结果多国认可的全
球专利一体化方向发展，然而PCT已经形成一个体系并具有严格的规范程

序，参与国需要无条件接受所有规定，除非条约规定参与国可以保留某些事项。专利审查高速公路对合作国来说是一个进入门槛不高的平台，双边的协议使得合作国之间有更多保留各项权力的自由，PPH 最大的特点就是丝毫没有对参与国的法律做出任何修改的要求，所有的审查操作都在现行的本国法律范围内。所以专利审查高速公路是多数国家都能够接受的制度和多数国家都能广泛参与的合作平台，相对 PCT 来说，专利审查高速公路更易推进全球专利一体化进程。

4. 经济全球化新形势推动专利制度的区域化

近年来，经济全球化出现了一些新的特点，其中非常重要的就是在全球化基础上的区域一体化显现出越来越明显的趋势。在这种趋势的发展过程中，发达国家是主要的推手。在推动这一过程中，发达国家事实上是在谋求原先在经济全球化过程中难以取得的经济利益。

（1）欧洲国家追求专利一体化

欧洲专利一体化的目标是在欧盟各国建立一个一体化的专利制度，即提交一份专利申请，经批准之后自动在欧盟各国生效。同时在欧盟内部建立一个统一的专利法院，在欧盟内部发生的专利侵权案件均由该法院管辖，而不需要如当前这样需要在欧盟各国一一起诉侵权行为。30 年来，能够覆盖整个欧盟的单一专利的构思一直在欧洲大陆知识产权议程的边缘浮动。1997 年共同体专利绿皮书和共同体专利制度的公布，引发了一场激烈的辩论。1998 年在葡萄牙首都里斯本举行的欧洲领导人会议之后，该提议受到更加广泛的关注。此次会议提出，2010 年欧盟应该成为世界上最有竞争力、最有活力和知识经济最发达的组织，该计划的中心就是改革欧盟的专利制度，因为现在的欧洲专利制度被认为是创新的抑制因素。

但是建立一体化的专利制度比人们预想的要复杂得多。2000 年 8 月，关于共同体专利计划的一揽子提议公布：专利申请只用英语提交和出版，不需翻译成其他语言；使用单一的审查程序，审查地点可能在慕尼黑的

EPO；根据欧洲专利公约，共同体专利将作为一个单独的指定；将制定统一的共同体专利法典和细则，建立集权的欧洲共同体专利法庭审理纠纷案件。然而，语言问题很快成为阻碍共同体专利成为现实的绊脚石。法国拒绝接受共同体专利仅使用英文的条款，而提出了一个折中建议，申请人需要提交英、法和德文的译本。这样做虽然成本增加了，但还是低于现在的水平。然而，意大利和西班牙提出反对，他们同意仅使用英文的条款，或者把他们国家的语言扩展到所规定的语言中去。

2001 年 12 月，比利时政府提出了由申请人自己决定是否应该用英、法或德文，以及申请人自己的语言来撰写权利要求。另外，专利摘要可使用所有成员国的语言出版。采取这种方式将使专利翻译费降低三分之二。至此，谈判与所要达到的目标越来越远。外界认为政治家和官僚们正在制造问题，而事实上根本就不是问题，因为所有的专利用户都说，他们用英文可以自如地生活。此外，谈判进展缓慢的原因是参加谈判的各方都为自己的利益考虑。共同体专利制度的建立意味着国家专利局的作用大大降低；专利代理人从当前欧洲专利申请需要翻译的规定中赚取的翻译费，在某些国家中占这项收入的 75%，包括意大利和西班牙。但是即便语言问题得到了解决，也没有人会相信前面的道路一帆风顺，围绕着建立共同体专利可以运作的法律制度问题也会有一场重要的辩论。

2003 年 3 月 3 日，在布鲁塞尔举行的欧盟竞争委员会会议上，成员国部长们就共同体专利问题达成"共同政治途径"协议。根据该协议，共同体专利将由欧洲专利局授权，并由一个在全欧盟具有司法管辖权的共同体专利法院执行法律实施。在专利授权后，权利所有人应以全部欧盟官方语言提交权利要求书的译文。共同体专利法院将在 2010 年之前建立。

然而，在共同体专利似乎即将要面世之时，2004 年 5 月 18 欧盟各成员国政府否决了关于建立欧共体专利的提案，理由是在语言和可行性方面未能达成一致意见。这次共同体专利协议的失败将使得整个计划延迟十年左右。对于共同体专利，似乎大部分官员和企业都认为是大势所趋，但是长期以来存在的语言应用等分歧，致使该制度在复杂的程序中迟迟难以产生。

建立拟议中的欧盟范围内共同体专利制度可谓一波三折。欧盟委员会于 2010 年 7 月对一直停滞的共同体专利申请文本的翻译问题提出折中建议，即可选择德、英、法任一文种作为共同体专利的申请和授权文种，从而大幅降低专利文本翻译费用。尽管经过各方努力，共同体专利问题仍未在比利时担任欧盟轮值主席国期间得以解决，反而因为西班牙和意大利的极力阻挠止步不前。2010 年底，支持建立共同体专利制度的欧盟成员国提议借助欧盟法律中规定的"强化合作"机制推动共同体专利制度进程。在该机制下，某方案若得到至少 9 个欧盟国家的支持即可启动，其他国家可后续加入。德国等 12 个欧盟国家遂向欧盟委员会提交申请，要求允许在该 12 国范围内率先使用单一专利制度。欧盟委员会随后表示，尽管将遭到部分国家反对，但欧盟委员会仍竭力支持建立小范围内的单一专利制度计划。

（2）泛太平洋经济战略伙伴协定对亚太地区专利制度的深度影响

"泛太平洋战略经济伙伴协定"（Trans – Pacific Partnership agreement，简称 TPP）原为 2005 年新加坡、新西兰、智利、文莱在 APEC 框架内签订的多边自由贸易协定。2008 年美国加入，其后澳大利亚、秘鲁、越南、马来西亚先后跟进。从 2010 年开始，TPP 谈判已经进行了 9 轮，正以超乎寻常的速度发展并呈现出进程加快、规模继续扩大和推进力度加大等特点。目前，参加 TPP 的国家达到 10 个，包括美国、澳大利亚、智利、马来西亚、新西兰、秘鲁、越南、文莱、新加坡和日本。TPP 已经由经济规模和影响力有限的 4 个中小经济体演变为第一个跨越太平洋东西岸，覆盖亚洲、拉丁美洲和大洋洲的多成员自由贸易安排，引起了全球的广泛关注。由于谈判对手的实力较为弱小，美国掌握了整个谈判的主导权。

2011 年 11 月 13 日，亚太经合组织（APEC）第十九次领导人非正式会议在美国夏威夷檀香山举行。此次会议上，美国总统奥巴马在峰会上表示，美国希望在 2012 年底之前，与 9 个亚太国家签署 TPP。TPP 协议除主张全面"零"关税外，其范围尚不仅限经济问题，更多针对成员国的内政，如竞争政策、知识产权、经济立法基础建设、市场透明、金融业改革、标准一致化等等，不可避免将牵动成员国的政治运作。

TPP 旨在拉拢亚太国家，全面架空、取代 APEC 这个全球最大区域经济合作组织和拟议中的亚太自由贸易区。美国将因此主导亚太经济秩序，日本也将在亚太经济秩序中施加比在 APEC 格局下更大的影响，马来西亚、越南等东南亚国家或将进一步发挥自己的劳动密集型优势，取代中国世界工厂的地位。因此，一旦 TPP 成行，它或将改变亚太现有经贸格局，深刻影响未来全球经贸关系和区域经济合作，并对区域内其他形式的多边贸易体系（如北美自贸区、东盟、东盟＋中国自贸区的亚太多边自贸关系格局）构成冲击，其他没有加入该协定的国家也将会在国际市场竞争中面临沉重压力。

与 ACTA 相同，TPP 采取了秘密谈判的方式以加速协议的谈判进程。从目前仅有的一份美国起草的"泄露"文本的知识产权章节①来看，TPP 对于知识产权的规定不仅超过了 TRIPS 协定，也超过了世界知识产权组织的两项互联网下的版权协定以及刚刚完成谈判的 ACTA。TPP 知识产权的具体规定与已有的国际知识产权规则相比，保护范围更大，期限更长，对于侵权的处罚也更为严苛。在专利方面，则大幅度扩大专利保护客体的范围。

TPP 规定对于任何技术领域的任何发明，无论是产品还是过程，只要满足了新颖性、创造性和实用性的标准，都可以授予专利。此外，签字国还应当规定只要满足专利授权条件，对于已有产品的新形式、用途或者使用方法应当授予专利权，即使这样的发明不能带来对于已知产品的改进。此外，TPP 还特别规定，签字国应当对动物和植物发明以及对于人类或者动物的诊断、治疗和外科手术方法授予专利权。在商标权方面，规定缔约方应允许包含声音或气味的标志作为商标注册，在版权方面则要求对于通过卫

---

① February 10, 2011 US government draft of the intellectual property chapter of the Trans – Pacific Partnership Agreement（TPP），参见 http：//keionline. org/sites/default/files/tpp – 10feb2011 – us – text – ipr – chapter. pdf。

星或电缆传输的加密节目提供刑法保护，禁止解密、故意接收、使用或故意继续传播上述节目的行为。

在扩大保护客体范围的同时，TPP 还对专利授权的排除和例外做了限制。对于专利授权的排除仅限于保护公共秩序和道德的原因，而例外则需要满足不会"不合理的与正常的专利实施相冲突，并且不合理的损害权利人的正当权利"。这样的制度安排完全照搬了美国专利法"凡发明或发现任何新颖（New）而实用（Useful）的方法、机器、产品、物质合成，或其任何新颖而实用之改进者，都可按本法所规定的条件和要求获得专利"的规定。

TPP 对于知识产权执行信息的公布做了非常具体和明确的要求。要求签字国规定所有的知识产权判决和行政执行决定以书面形式公开或者出版。签字国还须促进知识产权侵权和其他相关信息的数据的分析和整理，并且公布知识产权执行效果的相关信息，包括统计数据。对于刑事执行，TPP 要求签字国规定至少对于达到商业规模的故意商标和版权假冒行为给予刑事制裁，甚至要求对于不以盈利为目的的商标和版权侵权行为给予刑事制裁。此外，即使不存在商标假冒和版权盗版，对于包含假冒非法标记的录音制品、计算机软件或者文字作品的复制品、动画片或者其他影音作品的复制品及其包装，也应当给予刑事制裁。TPP 还对于刑事制裁的惩罚力度做了规定：刑罚必须包含自由刑和财产刑，并且足够高到能够没收侵权者的违法所得，并且遏制将来的侵权行为。对于边境措施，TPP 明确将边境措施依职权查处的商标和版权侵权的适用环节延伸到进口、出口、转运以及在自由贸易区中的货物。

5. 专利制度实施的负面效应日渐受到重视

21 世纪之后，强专利保护中的若干负面效应逐渐在发达国家和发展中国家都引起了重视，发达国家和发展中国家分别从两个角度意图消除专利制度实施中的负面影响。

（1）美国提高专利授权条件、限制专利权的效力

问题专利的过多、过滥以及因此而带来的对创新和实体经济的影响是美国专利制度运行过程中的主要问题。从 2006 年开始，美国最高法院通过审理一系列案件分别提高了专利审查中的创造性标准、限制商业方法专利授权、限制非专利实施实体所持专利的效力、把权利穷竭原则适用范围扩展到方法专利等方式，提高专利授权条件并限制专利权的效力。这一系列最高法院的审判案例以及美国国会这几年试图通过的专利法改革案组成了一次长达 6 年的美国专利法改革运动。2011 年 9 月 16 日，美国总统奥巴马签署了《美国发明法案》（America Invents Act），该法案被认为是自 1952 年美国专利法修订以来最重要的一次修订，也是近 6 年美国专利制度改革运动的一项阶段性成果。

美国进行专利法改革的动因主要是近年来专利诉讼的失控、专利质量的下降和大量待审专利的积压等。另外，美国的先发明制与其他国家的先申请制有明显差别，不利于与国际制度接轨，也加快了美国对专利法进行修改的步伐。美国专利制度改革从 2005 年即已开始，共提交了 4 次国会议案，多方利益的博弈在其中显现无遗，争论激烈。

这次美国专利法修改主要包括以下内容。

①以先申请制取代先发明制，不过给予发明人 1 年宽限期（grace period）的规定仍保留。

②对发明人的宣誓和声明作出规定，允许在发明人死亡、无行为能力或者不合作的情况下，由受让人提交替补声明以替代发明人宣誓，并代表发明人签署专利申请文件。

③允许在因特网上虚拟标示专利持有信息。

④建立授权后复审（post – grant review）和多方复审（inter – parties review）程序。其中，授权后复审程序用以审查专利权被授予后 9 个月内该专利除"最佳实施方式"问题以外的专利有效性问题；而多方复审程序在专利授权 9 个月以后或者"授权后重审程序"终止之后方可提出，且只能依

据专利或出版物作为证据，并只能挑战专利的新颖性和非显而易见性。

⑤放宽了对专利申请审查期间第三方向审查员提交现有技术资料的时间限制。

⑥规定了补充审查，允许专利权人在专利授权后可以申请补充审查。

⑦扩展"在先商业使用权"抗辩至所有专利类型。

⑧规定了针对商业方法专利的为期8年的特殊过渡方案：侵权诉讼以授权后复审程序为前置程序。

⑨被控侵权人未曾取得律师意见不再用于证明故意侵权或诱导侵权成立。

2011的发明法案作为近期美国专利法改革运动的重要成果，充分反映了21世纪以来世界专利发展的时代特征。从上述关于法律修订主要内容的列举中，我们可以清晰地看到美国立法者限制美国专利局随意签发专利的政策意图，也可以看到美国立法者阻止如"Patent Troll"现象在美国过滥的意图。从某种程度上说，这种政策意图也是美国大公司推动的结果。这些有着强大资本实力的大型公司事实上也是问题专利过滥的主要受害者。

（2）专利实施强制许可制度发挥作用

2012年3月12日，印度专利局根据该国专利法的规定，第一次签发强制许可，将德国药企拜尔公司抗癌药物索拉菲尼（sorafenib）专利许可给了本国仿制药厂商（Natco Pharma Ltd. 以下简称Natco）。根据该决定，Natco可以在印度生产和销售索拉菲尼，并以销售额的6%作为向拜尔公司支付的专利使用费。强制许可是TRIPS协议允许的灵活性规则，其含义是当国家遭遇特殊情况如公共安全、公共健康等危机时，如果专利保护阻碍国家应对危机，国家可以强制向第三人许可使用有关专利。强制许可不剥夺专利权人的权利，接受许可的被许可人也必须向专利权利人支付规定的使用费。

索拉菲尼是一种肾癌和肝癌治疗药物，可以延长肾癌患者4~5年、肝癌患者6~8个月的生存期。该药2005年上市，2009年全球销售额约9亿美元，占拜尔公司全球药物销售额10%左右。拜尔公司为索拉菲尼制定了高昂的价格策略，印度患者使用索拉菲尼年花费大约为 69000 美元，这个价格是印度人均年收入的 41 倍，远远超出印度公众承受能力。在印度有十几万人患有肾癌或肝癌，每年超过两万患者死于这两种疾病，并且每年新增约三万患者。Natco 获得索拉菲尼的强制许可之后，有望将该药的价格降低至原有水平的 3%，保证多数印度患者能够负担得起。

印度是世界上重要的仿制药和原料药生产国，制药是印度少数具有国际影响力的产业。印度医药龙头如 Cipla、Ranbaxy、Sun Pharma 等公司与欧美发达国家的大学、研究机构、实验室等有着广泛的联系。研究者认为，印度能够在化工基础相对薄弱的情况下，发展出较高水平的制药产业，与印度较晚实施药品专利保护有关。虽然印度是世界贸易组织的创始国，但 2005 年印度才开始受理药品的专利申请，拜尔公司 2008 年 3 月才获得索拉菲尼印度专利。没有专利保护，印度制药企业能够相对自由地在国内生产各种药物，得到较快的发展。

发达国家跨国药企是国际知识产权保护的积极推动者和最大受益者之一。世界贸易组织框架下的知识产权保护公认超出了多数发展中国家的经济社会发展水平，但跨国药企仍积极游说本国政府继续推高全球知识产权保护水平。强制许可是发展中国家用于反制发达国家推高知识产权保护的合法手段，尤其是对药品专利的强制许可，既有公共健康问题作为理由又可以直接打击知识产权强保护的始作俑者。在发达国家不断推高全球知识产权保护水平的背景下，发展中国家掀起了对药品专利强制许可的高潮。2006 年 11 月，泰国政府签发了一项艾滋病药品强制许可；2007 年初，泰国政府再次就一种心脏病药物颁发了强制许可；2007 年 5 月，巴西政府签发了一项艾滋病药品专利强制许可。南非、印度尼西亚、马来西亚等国都有对艾滋病、结核病等药物颁发强制许可的案例。除此之外，在 2009 年底的哥本哈根气候会议上，发展中国家也提出了实施强制许可加速低碳技术转移的建议，但该提议遭受了发达国家强烈抵制。

四、未来专利制度发展趋势的小结

每一个国家专利制度的发展都有其自己的考虑，很难说哪一个国家的政策考虑代表了总的趋势。制度的发展不是追求形式最完美、理念最先进，而是要追求更符合本国实际情况。结合主要国家专利制度的发展和当前世界技术经济发展的格局演变，专利制度的发展趋势主要表现在以下几个方面。

1. 专利保护的主题随着新技术的出现而不断扩张

在二战后的 60 多年时间里，专利保护的主题已经从过去的设备、装置、机器等领域逐步扩展到了如今的微生物品种、遗传基因、软件等过去不曾想象的领域。造成这种扩张自然是科技进步和产业推动的结果，而未来随着新科技的不断出现，必然也会推动专利保护的主题进一步扩张。这是因为专利制度本身就是一个开放的系统，世界各国的既有专利制度面向可能的科技发展空间都持开放的态度。目前，世界各国专利制度中决定某一发明创造是否属于可受专利保护主题的标准主要有两类，一是欧洲专利局所持的"技术性"标准；二是美国专利局所持的"有用性"标准。这两类标准虽然在面对新科技发展中所持态度有所差异，但在实践中，最终实现的制度效果是相差不大的。

欧洲的技术性标准，习惯上也叫工业实用性。根据《欧洲专利公约》规定："如果一项发明在包括农业在内的任何产业中能够被制造或者使用，它就应当被认为是具有工业实用性。"欧洲专利局申诉委员认为，《欧洲专利公约》有意地只是让对技术有贡献的发明才能被授予专利权。并进一步认为对技术的贡献既可体现在要求专利权的发明所要解决的且被解决问题中，也可体现在构成问题解决方案的措施中，或者体现在问题的解决方案所获得的效果中。欧盟国家关于工业实用性的这一理解本身就非常灵活，它使专利权的保护范围可以因技术的发展而不断被调整。在过去几十年时间里，面对基础研究和应用研究的交叉融合、界限模糊，面对软件技术的不断发展，欧洲的"技术性"标准都很好地应对了挑战，使得欧洲的专利保护逐渐地扩展到了如基因、软件等领域。

美国《专利法》第101条规定，可以被授予专利权的对象应该具备"有用性"，即它能够产生"一个实用的，具体的而且有形的结果"。由美国的有用性标准及其发展来看，早期的有用性标准较为严格，其适用范围也较窄，凡和实用的、具体的而且有形的特点相冲突的抽象规则、自然规律等，都不被授予专利权。而随着新兴科技的出现，美国对有用性标准的理解越来越宽松，抽象规则、自然规律等，只要能够产生实际有用的效果，即可以受到专利法的保护。按照美国新的《实用性审查指南》规定，实用性指受专利法保护的发明必须具有具体的、实在的、可信的和公认的实用性要求。而何为具体的、实在的、可信的和公认的实用性，根据美国司法实践中的理解来看，该要求实际上已经将可专利主题扩及阳光下的任何人造之物，通过对基因、商业方法以及动植物新品种等专利权的授予，美国已经完全突破了传统的非专利保护主题，成为世界头号专利大国。

未来，随着新能源、新材料等技术领域实现新的突破，必然会有一系列新的技术领域会要求获得专利保护。我们相信，在产业界的推动下，即使这些科技领域与当前所谓的可专利主题存在某种形式的冲突，但是最后让步的一定是当前所坚持的"规则"。

2. 专利的执法日渐强化

要维持现有的国际产业分工格局和贸易格局，大幅强化知识产权保护力度，强化专利执法是必然的。而在现实国际知识产权保护实践中，发达国家一直在强调知识产权保护已经成为全球经济"治理"的重要内容。我们选择从"治理"的角度来分析各国在国际知识产权执法方面的互动，以及发达国家推动国际知识产权执法的意图和主张，主要是因为当今包括发达国家在内的世界各国在知识产权执法方面的互动包含了三个层面的内容：第一，TRIPS 协议是各国迄今为止在知识产权执法问题上达成的最大程度的共识，也是各国讨论执法问题的起点；第二，在 TRIPS 协议的基础上，主要发达国家通过传统的单边、双边和多边等外交途径不断促进第三国的知识产权执法。第三，当上述途径不能达到其目标时，这些国家又开始放弃TRIPS 协定，寻求建立新的国际知识产权执法框架，主要表现是探索新的平台（如相关国际组织），以及签订新的协定（如反假冒贸易协定）。

　　主要发达国家之所以要在国际层面上推动知识产权执法，其最为直接的动因是各国知识产权执法水平的不平衡以及全球化背景下这种不平衡对主要发达国家造成的损害。在全球经济危机阴霾的笼罩下，主要发达国家通过提高全球知识产权执法水平来促进国内就业，促进本国经济走出低谷的诉求日益强烈。知识产权问题实际上已经不仅仅是知识产权本身的问题，而是主要发达国家将其国内危机"外部化"的手段之一。面对主要发达国家层层逼近，不断提高知识产权国际执法的水平，发展中国家只能艰难面对，疲于应付，并且常常在一揽子的经贸谈判中牺牲知识产权来换得其他更重要的谈判领域，尤其是扩大技术出口、放宽农产品检验检疫标准方面的利益。发展中国家自主制定知识产权法律和规则的政策空间在不断地被压缩。

　　（1）单边途径

　　主要发达国家尤其是美国在处理知识产权问题上的最典型的单边途径是以"301 条款"为依据的贸易报复措施。此外，美国还单方面定义并公布所谓的"恶名市场"名单，在舆论方面给相关市场和国家施加压力。这种以"美国标准"单方面发布"恶名市场"名单的贴标签行为是典型的单边主义做法。近年来，美国和欧盟等国家和地区还在其国内法能够驾驭的框架内颁布了一些加强知识产权全球执法的战略指南，这些战略通过国内的立法和相关政策来指导"全球"知识产权执法，其本身就蕴含着单边主义的思维模式。从实际的效果来看，单边主义的手段在近年来日益作为一种辅助性的策略。其功能类似于核武器，旨在威慑而不是制裁。美国的"301"条款近年来多次将中国等新兴国家列入重点观察国家，而没有真正采取实质性的贸易报复手段。历史上，美国和中国的数次交锋中，报复和反报复每每刀光剑影，煞是紧张。在双方都准备采取贸易报复措施之际，总是以知识产权协议告终。

（2）双边途径

历史上看，双边条约中的知识产权条款是知识产权相关国际法的渊源。TRIPS 协定之后，主要发达国家为了达到超过 TRIPS 协定的保护，常常在双边贸易协定中加入知识产权条款。对于发达国家而言，选择双边途径处理知识产权问题有其固有的优势。首先，双边贸易协定不像单边主义那样属于单纯的贸易报复规则，容易招致其他国家的不满并且存在违反 WTO 国际规则的风险。其次，相对于多边贸易协定，双边协定又具有时效性、灵活性和针对性的特点。此外，我们认为通过双边经贸谈判给予其他方面的优惠和利益来换取较高的知识产权执法水平，是发达国家更常用也经常奏效的手段。贸易谈判中的知识产权安排事实上能够和双边贸易协定达到一样的目的。而且，这样的谈判不拘于形式，能够更有针对性地指向新出现的问题。通过商贸联委会的案例，我们清晰地看到了发达国家如何自如地运用这一手段。

（3）以 WIPO 和 TRIPS 为中心的多边途径

主要发达国家通过已有的知识产权国际框架（WIPO 和 WTO）提高知识产权执法水平的效果并不乐观。近年来 WIPO 越来越多地成为发展中国家和最不发达国家表明其立场的阵地。WIPO 发展议程将知识产权和发展问题相联系，本身就是为了解决由于知识的"产权"化而导致的各国之间发展不平衡的加剧。发达国家在 WIPO 这样的传统的国际知识产权保护机制中已经不再能达到目的。

TRIPS 协定之所以能够签订，就是因为发达国家在 WIPO 的体系中得不到利益的满足，从而将知识产权问题和贸易相联系，在 WTO 框架内得到了突破。可以说，TRIPS 是发达国家抛弃 WIPO，转而投奔 WTO 的结果。然而，从欧盟仿制药的案例来看，发展中国家已经逐渐将 WTO 变成了维护自身利益的阵地，对他们而言，TRIPS 的规定就是天花板，是最高的要求。DSU 在中美知识产权争端中，也采取了公正中立的立场。可见，发达国家主导 WIPO 和 WTO 这样的知识产权国际组织的可能性已经不复存在。这也是发达国家在多边框架中试图撇开 WIPO 和 WTO，另起炉灶，转移阵地，建立新的知识产权执法多边体系的原因。

（4）国际组织的国际知识产权执法

由于相关国际组织在其专业领域具有较大的影响力，具有相对完善的定期会晤与交流的机制，以及广泛的成员国的基础，发达国家选择它们作为推动国际知识产权执法的平台在情理之中。然而，国际组织的地位并不能凌驾于主权国家之上，其形成的决议对各国而言很难具有现实的约束力。此外，由于国际组织的专业性，其对知识产权问题的协调和处理仅仅限于其专业范围内，如 WCO 只能处理有关边境执法相关的问题，并不能从整体上提高知识产权执法水平。即使能够递交提案，由于国际组织表决机制的制约，由于发展中成员的抵制，提议也很难变成现实。因此，国际组织作为新的平台，在促进国际知识产权执法方面的作用还是有限的。

（5）ACTA：新的国际知识产权执法框架

发达国家多年来国际知识产权执法的实践已经表明，标准制定只有从遭遇困难的场所转移到更为容易的场所，才有可能成功。因此，只要能够帮助其达到提高知识产权国际执法水平的目标，发达国家选择的场所从来都不是唯一的，而是在不停转变的。正是由于这样的场景转移（forum shift），知识产权执法的安排才从最初的双边途径转移到 WIPO，继而再转移到 WTO，现在又开始谋求借助相关国际组织的平台，签订新的多边协定——反假冒贸易协定（ACTA）和泛太平洋战略经济伙伴协定（TPP）。

ACTA 协定主要关注知识产权执法框架的构建，在很多方面都超出了

TRIPS 协定所设定的知识产权国际保护水平。ACTA 的谈判方一方面希望和期待有更多的国家包括它们认为假冒和盗版比较严重的发展中国家加入，另一方面却将除了与美国签订自由贸易协定的墨西哥和摩洛哥以外的中国、印度和巴西等发展中国家排除在谈判过程之外。换言之，ACTA 对广大发展中国家而言成了"要么接受要么走开"的"格式公约"。TPP 其实是传统的区域自由贸易协定的一个变种。如果能够达成，将会对知识产权的国际保护产生重大影响。

以上各种手段相互关联，相互推动，形成了一种棘轮效应。这种"棘轮"效应依赖于三个因素：一是制订标准的议程必须从遭遇困难的场所转移到更为容易的场所，知识产权保护从最初的双边、区域场所转移到 WI-PO，再转移到 WTO，现在又转向双边和区域层面；二是必须联合使用双边和多边策略，美国在不断与发展中国家签订双边协定的同时，也在世界海关组织（WCO）、世界卫生组织（WHO）等多边场合加强知识产权保护和执法；三是为了巩固这种棘轮效应，必须通过多边体制重新制定最低标准。这种最低标准具有重要意义，它能够不断提高后续双边或多边协定的最低保护水平。这种阶梯式不断向上的"棘轮效应"导致知识产权执法标准由无到有，由低到高，再到更高的目标。

在发达国家的推动下，同时也随着中国等发展中大国越来越强调知识产权执法的重要性，未来专利执法的日渐强化是可以期待的。

3. 专利制度的区域化将日趋明显

近几年来，在主要贸易大国推动下，区域性的自由贸易区日益崛起，如欧洲的一体化、东亚自由贸易区、亚太自由贸易区等等。在未来的某个时间点上，世界上将会出现三个主要的自由贸易区。除了高度一体化的欧洲，其有关知识产权的规则是由自己的立法机构制定之外，其他两个自由贸易区的有关知识产权规则，都是在 TRIPS 协议的基础之上签订的。三个自由贸易区的知识产权规则各有特色。

欧洲的知识产权规则中包括了以下一些内容：建立统一的专利法院，在欧洲发生的专利侵权案件，最终都将上诉至该法院；建立统一的专利审查机构，经一次审查授权之后，该专利在欧洲各国立即生效，各国的专利局将作为统一专利审查机构设在各国的分支机构。

美洲自贸区的知识产权规则将以下一些内容为特色：强大的边境执法制度，自贸协定将规定各国海关不仅有权对进出口中的侵权行为进行查处，还有权查处转运环节的侵权行为，由于查处能力的大幅提高，边境执法将在贸易中的知识产权保护起到举足轻重的作用；较宽的强制许可制度，由于巴西、阿根廷等国的坚持，美国放宽了对强制许可制度的限定以换取这些国家对边境执法的支持，"多哈宣言"中关于药品强制许可的条款在自贸协定的知识产权规则中得到了体现；该自贸协定中还特别列入了关于打击知识产权犯罪网络的条款，把知识产权侵权与保护公民安全挂钩，提出了政府行政机关打击知识产权犯罪网络的义务。

东亚自贸区的知识产权规则相对来说要简明得多。由于中国和东南亚国家的支持，该地区的知识产权规则基本上是以 TRIPS 协议为基础的。与TRIPS 协议不同的是，对知识产权行政执法进行了进一步的规范，包括行政执法的手段、权限等。强调知识产权行政执法是由该地区传统文化所决定的。

4. 国家间在专利审查和管理上的合作将日趋频繁

如前文所述，为应对知识增长和科技进步所带来的专利申请量大幅增长，提高审查效率，各主要专利局在专利审查上的合作已经进行多年。专利合作条约、专利法条约、实体专利条约、专利审查高速公路等都是这种趋势的一种反映。虽然现在还很难判断未来是不是会走到"世界专利"这一层面，但是各国共享专利审查资源将是一个必然的趋势。同样，世界各国在专利审查上的深度合作，必将带动各国在专利管理上合作的加强。

5. 专利政策的政治与安全考量日趋增多

自"冷战"结束后，国际经济竞争日益体现为以科技竞争为主。在一些西方发达国家，新的科学技术越来越多地被应用于传统产业，以技术优势部分弥补了其在劳动力成本上的劣势，从而增强产业的国际比较竞争力。更为突出的一个趋势是高新技术的产业化，不断形成新的产业和新的经济增长点，作为参与国际竞争的新支柱。由于知识产权保护制度可以使技术垄断合法化，有助于削弱或钳制竞争对手，以获得竞争优势，西方发达国家在推动知识产权制度方面更为积极。而发展中国家则担心知识产权制度可能会阻碍技术的转移，使自己被排除在新技术革命之外。因而，知识产权问题被视为各国进行科技战、贸易战的一种新形式，成为国际政治经济学中的新课题。

中国作为正在崛起的大国，尤为关心历史上的大国兴衰问题。而国家的兴衰也是世界历史上最为复杂的问题。历史的本质似乎就在于它的复杂性，许多结果是由一长串"必要"原因，而非一两个"充分"原因造成的，缺乏其中任何一个原因，结果都不可能发生。历史不是因果紧密相连的物理过程，更不是一种生物过程，尤其不是达尔文所说的生物进化过程。历史学家、经济史学家和经济学家对历史上主要国家的兴衰进行过许多研究和考察，并基本上形成了一个共同看法，认为以往世界经济霸权国家之所以会衰落，主要原因在于对外扩张过度，技术创造能力丧失，储蓄率和投资率较低，来自外国的竞争加剧等等。所有这些，都是一个国家开始衰老退化的征兆。对于那些努力追求经济增长和社会进步的国家来说，必须加快社会制度的变革和技术创新，尽管这很困难，但却无法回避，因为这是唯一的道路。

美国之所以能够从一个孤悬海外的国家，发展成为一个在世界经济中占据领导地位并掌握主导权的超级大国，原因固然是多方面的，但是，技术进步无疑是至关重要的因素和先决条件。由此观之，大国兴衰的历史始终伴随着技术的进步。交通工具的创新和能源的利用，是技术变革最普遍的形式。乔尔·莫基尔在其论述技术进步的优秀著作《财富的杠杆》中，多次提及"卡德韦尔法则"。该法则揭示了一个直白的历史规律，即没有任何国家能够一直保持技术创新的显著优势长达两代或三代人甚至更长的时间。技术史固有的、对特定发明家和技术员国籍的无视，往往掩盖一个重要事实，即没有任何国家能够一直非常富有创造性。在单个国家的生命周期中，发明速度、创新速度和生产率的下降，源于各种不同的原因。

所谓的"三代效应"，即没有愿意重复新工业或老工业周期的新人来替代第三代人；对承担风险的态度的转变；社会各阶层之间在收入分配上的差距扩大，高额利润未被再投资于生产资本；行会、工会、公司、政府实行垄断；工人和投资旧技术的企业家抵制变革，等等。历史经验证明，要使一个享有经济霸权的国家衰落，除了战争之外，最重要的方法就是打破它对知识和技术的垄断地位。例如，通过直接同客户进行交易绕开它控制的进出口贸易中心，窃取其工业秘密，效仿它的成功之道，挖走它的熟练工人和企业家，等等。一旦这些努力成功，就能使挑战国获得与霸主对等的地位。对于赶超国来说，还需要改进现有技术，并创新新技术。被挑战国则会努力防止机器设备、熟练工人和企业家流失，并且在经济生命力尚存的情况下，推动产品和生产工艺进一步完善，以此设法保持领先地位。挑战与应对挑战的过程，可能引发战争。例如，热那亚与威尼斯之间的对抗；荷兰人、英国人与葡萄牙人之间的对抗；法国人、荷兰人、英国人在新大陆上同西班牙人和葡萄牙人的垄断进行对抗。武装冲突的结果，可能决定经济霸权是被保持还是发生改变。所有这些例子中，长期确立的、舒适自在的霸权地位都受到挑战，并被推翻，因为新兴国家在一个又一个领域不断赶超，并利用更高的效率、较低的成本或更好的设计的力量，将比较衰老的霸权国家远远地甩在后面。在讨论中国"和平崛起"时，我们应对技术进步有更深的理解。

从历史上大国兴衰的进程来看，一个国家的经济发展水平和它在未来的发展能力，在很大程度上是由它的科学技术潜力所决定的。在此过程中，技术的外流和转让一直扮演着重要的角色。如前所述，早在16世纪和17世纪，英国仍是一个落后的原料生产国，直到17世纪后期，英国才逐步转变为一个领先的制造业国家。在这个转变的过程中，起到至为关键作用的是来自法国、德国、意大利和荷兰等欧洲大陆国家的技术转让。而在英国工业发生革命之后，大量的来自英国的新的技术转让又成为欧洲各国和美国经济发展的决定性的因素。一般来说，在大多数情况下，技术是可以通过合法的途径转让的。历史上的移民浪潮在很大程度上都与技术进步相关联。荷兰在欧洲是一个传统的自由主义思想占据上风的国家，它通常总是愿意接受被其他国家驱逐出境的人，尤其是那些掌握先进商业和技术知识的人，并由于接纳了他们而大大地受益。美国著名经济学家金德尔伯格在《世界经济霸权》一书中曾经很细致地谈到这些情况，西班牙在1492年大批驱逐犹太人，而当时的低地国家（现今的荷兰、比利时一带）却敞开国门，接纳了他们。在1585年，荷兰又接受了许多从意大利等地逃亡而来的商人和银行家。在1685年，荷兰还接纳了被迫离开法国的一批胡格诺派教徒。而另外一些国家，如西班牙和意大利，则由于大肆驱逐犹太人、商人和异教徒，从而使它们失去了许多对国家有用的人才，尤其是那些掌握了金融技巧和国家管理知识的人才，最终影响了这些国家日后的经济发展，这是人们广泛的共识。

　　放在一个历史和全球的视野中去考察，我们可以很容易理解当前知识产权领域里所发生的一切事务。控制技术的流向，获取最大的贸易利润，事关全球基本格局，因此知识产权事务迅速成为大国经济、贸易与安全互动的核心事务之一，这一点在中美外交关系之中表现得尤为明显。这也是近几年来中美战略与经济对话总少不了知识产权议题的原因。

执笔：邓仪友

第四章 | 专利制度与技术的转移、转化和实施

当今，技术对于经济的重要影响毋庸置疑，因而促进技术创新和技术转移成为经济发展的重要着眼点。同时，理论研究和实践经验都表明，专利制度在促进技术转移以及技术的转化实施方面扮演了重要角色。

本文采用经验总结的研究方法，借鉴国外立法政策和实践做法，分析研究专利制度对技术转移及转化实施的影响，特别是如何利用专利制度促进政府资助形成的技术成果的转移和应用，在总结国外实践经验的基础上进一步将目光聚焦于我国现行立法政策，分析其中存在的主要问题，并提出相应的完善和改进的建议。

一、技术转移的基本理论

1. 技术转移的内涵和分类

"技术转移"出自英文"technology transfer"，一般认为，美国学者 H. Brooks 最早对这一概念进行了界定，他认为技术转移是指"由一些人或机构所开发的系统合理的知识，通过人们的活动被其他人或机构所采用的过程"[①]。目前，对于技术转移这一概念，国内外并没有统一的界定，基于侧重点的不同，技术转移的定义也存在知识扩散说、地域转移说、知识分配说等多种学说。"联合国《国际技术转移行动守则》中阐述到：技术转移是关于制造产品、应用生产方法或提供服务的系统知识的转移，但不包括

---

① 张晓凌，周淑景，刘宏珍，朱舜楠，侯方达：《技术转移联盟导论》，知识产权出版社 2009 年版。

货物的单纯买卖或租赁。经济合作与发展组织认为，技术转移是指一国做出的发明（包括新产品和新技术）转移到另一国的过程。日本小林达对技术转移广义上的定义是人类知识资源的再分配①。""《世界经济百科全书》提出，技术转移是指构成技术三要素的人、物和信息的转移②。"无论从何种角度界定，技术转移的关注点都是知识从输出方向接受方的流动过程。

技术转移，从转移内容方面，可以划分为一次性完整地引入技术全部内容的"移植型"和引入技术某一部分的关键工艺或设备的"嫁接型"。从交易费用上，可以划分为需要支付交易费用的"商业性转移"和无须支付交易费用的"非商业性转移"。从技术载体方面，可以划分为通过实物（如机器设备）流转而实现的"实物型"、通过信息传播实现的"知识型"和通过科技人员流动而实现的"人力型"③。

技术转移存在多种多样的实现方式，包括商品贸易、技术贸易、直接投资、科技合作、科技信息交流等。其中技术贸易的实现形式又包括许可贸易、技术咨询服务、成套设备和关键设备贸易、技术服务与协助、合作生产、补偿贸易、工程承包、特许专营、设备租赁④。

2. 技术转移的作用和意义

无论一个国家或地区技术发展水平如何，都始终存在着以下现象。其一，技术的工业实际应用总是落后于科学研究的发展；其二，国家、地区或企业之间的技术水平总是存在不均衡且处于不断变化中。相应地，技术转移的作用首先体现在促进技术成果从科研实验室走向工业生产车间，从而产生诸如提高生产效率或完善产品品质的实际的经济效应。其次，技术

---

① 何建坤，周立，张继红，孟浩，李应博，吴玉鸣，陈安国，吕春燕：《研究型大学技术转移——模式研究与实证分析》，清华大学出版社 2007 年版。

② 李志军：《当代国际技术转移与对策》，中国财政经济出版社 1997 年版。

③ 张晓凌，周淑景，刘宏珍，朱舜楠，侯方达：《技术转移联盟导论》，知识产权出版社 2009 年版。

④ 李志军：《当代国际技术转移与对策》，中国财政经济出版社 1997 年版。

转移有效调节了国家、地区、企业之间存在的技术发展不均衡，为落后者追赶先进技术提供了良好的途径，同时使得技术提供者获得了技术贸易的额外收益，创造了技术发展的双赢局面。

技术转移的实际意义可归纳为以下几个方面[①]。第一，技术转移是促进经济发展的有效方法。技术转移为技术的提供方和接受方都带来了巨大的经济收益，技术一经应用实施便成为推动经济发展的重要力量。第二，技术转移是优化产业结构的良好途径。技术转移在产业的最初发展和优势积累中都起到了重要作用，这一点在日本二战后的工业体系重建中得到了很好的诠释。第三，技术转移可以延长技术的生命周期，在发达国家已经处于成熟期的技术经转移可以在其他国家或地区继续发挥作用，同时增加技术提供方经济收益，以便用于进一步的技术研发。

3. 技术转移与专利制度的关系

参照世界近代史，英国工业革命后科学技术成为推动国家经济和社会发展的重要力量，各国相应建立了专利制度来促进科学技术的发展，同时，也使得大规模的技术转移活动成为可能。以垄断换公开的专利制度，一方面，授予发明人合法垄断技术成果的专利权，在技术传播活动中保障了发明人的正当权益不受侵害，使得发明人能够放心地将技术用于交易；另一方面，专利制度要求将发明创造的成果向社会公开，为技术转移提供了丰富的资源。专利制度鼓励创新和鼓励传播的双重功能，既保障了发明人进行发明创造的积极性，为技术转移提供了源源不断的技术资源，又使发明人热衷于技术的广泛传播，从技术的大范围实施中寻求自身利益的最大化，消除了技术交易中因技术区别于传统交易客体的无形性和非损耗性所带来的交易风险。专利制度对于涉及技术权利的清晰界定，也极大程度地降低了交易双方在技术转移中承担的风险和成本，进一步衍生出多种多样的技术转移方式。

[①] 傅正华，林耕，李明亮：《我国技术转移的理论与实践》，中国经济出版社 2007 年版。

专利制度与技术转移的紧密联系还可以从国家政策层面和具体组织层面来分析。在国家政策层面，技术转移起因于技术输出国与接受国之间的技术供需需求。提供优惠便利的市场条件、建立相应专利制度是技术接受方鼓励技术转移的一般做法，而技术输出方通常会通过专利制度来限制关键技术的流出，从而保持自身在关键领域的竞争优势。在具体组织层面，技术转移源于知识生产组织与经济生产组织在价值取向、运作方式、组织结构等方面的明显差异①。以大学科研机构为代表的知识生产组织具有社会公益性质，追求知识的创造、传播和人才的培养，强调知识共享，科研成果多以学术论文的形式发表。而经济生产组织具有营利性，追求经济利益，强调技术专有，将技术实际应用于生产中。专利制度在二者之间搭建了桥梁，确保了二者的合理分工，"使得知识生产组织可以将活动的焦点放在技术商业化的前端部分，而不必关注技术商业化的整个进程；企业等经济生产组织则将焦点放在技术商业化的后端部分，而专利则是两者区别的界面和交换的标的"②。

二、国外促进技术转移的经验和做法

在促进技术转移，特别是国家资助的科研成果的技术转移方面，国外许多成功的范例对我国技术转移体系的建设颇具借鉴意义，本章将从立法和机构建设两方面来分析域外经验，同时对国外强制许可制度进行适当介绍，来表明这项重要的专利制度对于国际技术转移的影响。

1. 立法情况

为促进本国科学技术发展，增强综合国力，各国都致力于鼓励技术的

---

①②　张也卉，刘林青："大学技术转移中的专利作用——基于界面理论的考察"，《研究与发展管理》，2007 年第 05 期。

商业化转移，但在具体做法上存在差异。美国是最具有代表性的制定了一系列法律法规来激励和引导技术转移的国家，其卓有成效的制度被包括日本、菲律宾、印度在内的许多亚洲国家所效仿。而包括英国、法国、德国在内的欧洲国家在国家层面多通过政府设立专门计划或项目的方式来促进技术转移，即政府引导、技术转移双方共同参与合作研发，技术转移方面的专门立法比较少见。但这并不排除在大学自主管理层面的规章制度，例如英国剑桥大学 2002 年发布的"关于剑桥大学知识产权政策修订案"对外来研究经费支持的学校科研成果的权利归属和收益分配做出了规定①。

（1）美国《拜杜法案》

美国《拜杜法案》由美国国会议员 Birch Bayh 和 Robert Dole 提出，1980 年由国会通过，1984 年进行了修改，后纳入美国法典第 35 编第 18 章第 200 条到第 212 条，标题为"联邦资助所产生发明的专利权"。《拜杜法案》的提出主要针对战后美国政府每年投入大量经费支持科研机构的科学研究，但技术成果的转化率极低的问题，其政策目标是"利用专利制度，促进联邦政府资助研发完成发明的利用"②，同时政府通过权利保留来保证公共职能和公益目的的实现。

《拜杜法案》适用于由政府资助的研发项目所产生的科研成果，其适用对象为政府机构和项目承担者（最初限于中小企业或非营利组织，1987 年的 12591 号总统行政令将大企业纳入其中③）。第 202 条为《拜杜法案》最为重要的条款，规定了小企业和非营利组织在向作为资助方的政府报告发明后，可以选择保留项目发明的所有权。第 202 条项下有 a～f 六个小项，围绕保留发明所有权的选择权的行使，细致规定了政府和项目承担者双方的权利和义务，其主要内容包括：①项目承担者不享有该选择权的情形和对政府机构认定存在该种情形的实体条件、程序约束和救济机制；②项目

---

① 王启明："剑桥大学知识产权激励政策修正案"，《全球科技经济瞭望》，2007 年第 01 期。
② 35 U. S. C. 200.
③ 李忠："美国联邦政府科研项目的性质、成果权属政策及启示"。

承担者在合理期限内向政府报告发明的义务、选择保留发明权时的专利申请义务和定期报告该发明利用或努力获得利用情况的义务，否则政府可收回发明所有权；③政府对项目承担者保留权利的发明享有世界范围内的、非独占的、不可转让的、不可撤销的无偿使用权；④选择保留权利的项目承担者在专利收入分配中的义务；⑤联邦职员为共同发明人时政府整合专利权的权利和限制；⑥对于政府将专利权许可给第三方的严格限制。继项目承担者权利归属的选择权之后，第 203 条规定了联邦政府的介入权（March – in rights），即专利权人或者获得独占许可的人拒绝他人实施该专利的合理申请，政府有权自行颁发专利实施许可。"虽然自从《拜杜法案》生效以来，政府介入权条款因为没有出现相应的权利滥用现象而从未被政府实现过，但这个条款对于那些企图用'独占许可权'来排挤竞争对手而不是为了继续开发的机构始终是一种威慑①。"《拜杜法案》第 204～205 条规定了专利独占许可时美国产业优先原则、专利申请中政府的保密义务。第 207～209 条规定了归联邦政府所有的发明的保护和许可规则。

《拜杜法案》的实施获得了显著效果，在生效的前十年内，"大学每年专利申请授权数量从之前的每年不足 250 件增加到了每年超过 1600 件；大学研究对于产业的贡献从 4% 迅速攀升到 7%；大学技术转移机构数量从 25 个增加到 200 个；大学技术转让收入从 1986 年的 3000 万美元增长到了 1992 年的 2.5 亿美元②。"《拜杜法案》的成功背后有着漫长的筹备过程，"《拜杜法案》在美国从相关立法的教育、准备、通过，一直到《拜杜法案》最终实施用了将近 20 年的时间，至今《拜杜法案》在美国已实施了 25 年，在该法案基础上进行的实践活动已发展到比较复杂的程度，且只有通过实践和经验才能掌握③。"技术转移所要求的专利体系，应当强大、公平、平

---

① 北京信息科技大学人文社科学院：《耕耘·创新·收获：北京信息科技大学庆祝建国六十周年论文集》，北京师范大学出版社 2009 年版。

② 王正志：《中国知识产权指数报告》，知识产权出版社 2009 年版。

③ 北京信息科技大学人文社科学院：《耕耘·创新·收获：北京信息科技大学庆祝建国六十周年论文集》，北京师范大学出版社 2009 年版。

衡，而这样一个体系的建立不是一蹴而就的，而是一个长期的过程。其他国家希望借鉴美国经验，建立利于技术转移的专利体系并获得预期的效果，必须经过不断的教育和努力，来进行制度、观念、文化上的调整，从而创造出活跃的技术转移市场。

《拜杜法案》后续配套法案包括 1980 年《斯蒂文森—威尔德勒法案》、1986 年《联邦技术转移法》、1989 年的《国家竞争性技术转移法》、1995 年《国家技术转移与促进法》和 2000 年《技术转移商业化法》①。1980 年《斯蒂文森—威尔德勒法案》主要针对政府所有的研究机构，即联邦实验室，"明确了联邦政府有关部门和机构及其下属联邦实验室的技术转移职责，凡是年预算在 2000 万美元以上的联邦实验室必须设立专门的技术应用办公室从事研发成果的技术转移，各联邦机构至少将其研发预算的 0.5% 用于支持下属实验室和技术应用办公室的工作"②。1986 年的《联邦技术转移法》"允许联邦和联邦所属的实验室与非联邦伙伴开展合作研究并规定了联邦雇员可以从发明收入中分红③。" 1989 年的《国家竞争性技术转移法》为共同合作研发协议新增了指导性意见。1995 年《国家技术转移与促进法》为共同合作研发协议中新技术的快速商业化提供了激励措施，确立了加快协议谈判的指导方针，提高了联邦技术人员在技术商业化中的奖励上限④。

《拜杜法案》生效至今已 30 余年，"2002 年美国商业部主管技术转移的高级主管 Bruce P. Mehlman 曾向总统科技顾问委员会提交了一份关于《拜杜法案》实施效果的报告，认为《拜杜法案》运作良好，驳斥了进入 21 世纪

---

① 徐广军，张晓丰："从贝耶—多尔法案看知识产权立法对产学研一体化的影响"，《北京化工大学学报（社会科学版）》，2006 年第 02 期。

② 何建坤，周立，张继红，孟浩，李应博，吴玉鸣，陈安国，吕春燕：《研究型大学技术转移——模式研究与实证分析》，清华大学出版社 2007 年版。

③ 中华人民共和国科学技术部：《外国政府促进企业自主创新产学研相结合的政策措施》，科学技术文献出版社 2006 年版。

④ 何建坤，周立，张继红，孟浩，李应博，吴玉鸣，陈安国，吕春燕：《研究型大学技术转移——模式研究与实证分析》，清华大学出版社 2007 年版。

后要求大幅度修改拜杜法案的观点"①。尽管如此，对于《拜杜法案》的质疑仍然存在，主要指向非营利组织，特别是大学的商业化转变，认为这违背了大学为公共利益进行知识传播和科学研究的初衷，带来的现实问题包括大学科研侧重于商业化的应用研究领域而忽略了基础研究领域、大学对学术成果专利化的热衷阻碍了科学共享局面的形成等②。这些问题将对《拜杜法案》的反思拉回到了公共产品和权利私有的利益平衡中。

（2）日本《产业活力再生特别措施法》

美国《拜杜法案》的成功吸引了许多国家，特别是亚洲国家的注意。日本1999年制定的《产业活力再生特别措施法》（简称"产活法"）是亚洲较早的制度移植范例。"产活法"旨在"进一步营造更为宽松的外部环境，为事业再生和经济复苏奠定基础；支持创办新的产业和中小企业基于技术创新的创业活动；建立促进研究开发的机制，大力开展技术创新和实施科技成果的快速转化"③，该法包含了产业计划、产业指导、股票、资金、税收、就业等多方面的内容。其中第三十条为日本版拜杜条款，规定了"对于受国家委托的研究成果，满足下列条件之一者，国家可以不收回成果的专利权：1. 研究者承诺一旦研究出成果，毫不迟疑地向国家报告其研究成果；2. 研究者承诺在国家认为必要时，研究者应无偿提供成果的使用权；3. 研究者承诺在本人无充分理由不使用所发明的专利成果时，应转让给第三者使用"。

自拜杜制度创设以来，日本各省厅的委托研究开发合同中拜杜条款使用率逐年增长，2001年使用率是全省厅57%，2007年为99.9%。现在日本等国家的委托研究开发合同几乎全部使用这一条款，实际上该条款在受托的民间企业中也获得了很高的评价。

---

① 张飞鹏，范旭："《拜杜法》与我国技术转移法律体系的完善"，《科学学与科学技术管理》，2005年第10期。

② 李晓秋："美国《拜杜法案》的重思与变革"，《知识产权》，2009年第03期。

③ 姜小平："从《产业活力再生特别措施法》的出台看日本的技术创新和产业再生"，《科技与法律》，1999年第03期。

尽管日本在权利归属上模仿了美国的做法，但是有学者指出，日本版拜杜法并没有在促进高校技术转移上起到立竿见影的效果，其原因归结于"日本大学尤其是国立大学严重缺乏自主权的管理体制"①，而直至2004年《国立大学法人法》实施后，即大学通过改革获得更多自主权后，"产活法"才完全生效。日本版拜杜法"改变了日本高校的管理体制，大部分官僚气息甚浓的高校亦开始积极推进技术转化，在以往是难以想象的"②。

为应对人口减少、面临国际竞争激烈化、地域和中小企业的经济恢复不均等的问题，日本在2007年对"产活法"进行了修改，将其中的拜杜条款移至《产业活力强化法》第19条，来赋予该条款更为稳定的法律效力，同时扩大了适用该条款的科研成果的范围，将有关软件开发产生的知识产权纳入其中。

（3）美国《发明人保护法》

美国《发明人保护法》于1999年颁布施行。这部法律将美国专利商标局重铸为一个以绩效为基础的机构，给予了PTO在预算、人事、采购和其他行政职能中的实质的自主权，并且将允许它以更加商业化的方式运营③。

该法中对于技术转移最具影响的规定是对于"不适当和欺诈性发明推广活动"④的规制和惩罚措施，针对现实中"一些发明推广公司不是通过正当地提供市场调查、利润评估、产业周期预测等服务获得报酬，而是采用夸大宣传的方式吸引发明人，收取大笔委托费，却不提供或少提供实质性中介服务"⑤的问题。对此，美国发明人保护法一方面强制性要求中介推广人公开必要信息，另一方面提供了受到不适当或欺诈性发明推广损害的发

---

① 宗晓华，唐阳："大学—产业知识转移政策及其有效实施条件——基于美、日、中三版《拜杜法案》的比较分析"，《科技与经济》，2012年第01期。

② 何艳霞："《拜杜法案》原则广为亚洲国家采纳"，《知识产权报》，2009年7月8日。

③ Talis Dzenitis . American Inventor's Protection Act is law, http：//www. uspto. gov/patents/law/aipa/summary. jsp，访问日期：2012 – 07 – 28。

④ 35 U. S. C. 297.

⑤ 王强：美国发明人保护法主要内容及发展，http：//www. sipo. gov. cn/dtxx/gw/2002/200804/t20080401_ 351333. html，访问日期：2012 – 3 – 20。

明人的救济措施。依据该法规定，发明推广人对客户承担以书面形式公开特定信息的义务，特定信息具体包括：①过去五年内由该发明推广人进行商业潜力评估的发明的总数，包括其中获得积极评价和消极评价的发明的数量；②过去五年内与该发明推广人签订推广合同的客户的总数，不包括从该发明推广人处购买贸易展览服务、科研、广告和其他非市场服务的客户，也不包括在报酬支付中违约的客户；③该发明推广人所知的直接受益于其提供的发明推广服务而获得净财务利润的客户的总数量；④该发明推广人所知的直接受益于其提供的发明推广服务而成功签订许可协议的客户的总数量；⑤该发明推广人或者其员工在过去十年内曾集体或个人隶属的发明推广公司的名字和地址①。在受欺诈发明人的救济上，发明人可向法院提起民事诉讼要求"5000 美元以下的法定损害赔偿或实际损害赔偿。对于故意或恶意侵害行为，可以处 3 倍以下的损害赔偿"②，也可以向美国专利商标局提起申诉。"为落实发明人保护法，美国专利商标局于 2000 年公布了名称为'对发明推广者的申诉'的临时规章对申诉程序做出了规定，其中包括接受发明人申诉的程序、通知被申诉的发明推广者的程序、推广者答复的程序、有关公布双方的申诉及答复文件的程序以及申诉和答复的形式要求。该规章规定美国专利商标局对发明推广者不进行独立调查，只是将收到的双方材料公布在官方刊物或网站上③。"

除去"不适当和欺诈性发明推广活动"的规定，发明人保护法主要还包括以下内容：①减少了特定的专利费用，包括申请费、再颁专利费、国际申请费和初期专利维持费。法案授权 USPTO 在 2000 财年调整商标费用，同时强调商标费用只能用于与商标有关的活动。法案还要求 USPTO 研究新的可替代的费用结构来积极鼓励发明人团体最大化的参与。②提供了仅针对商业方法在先使用的专利侵权抗辩。对于善意之在先使用且在有效专利

---

① 35 U. S. C. 297.（a）.

②③ 王强：美国发明人保护法主要内容及发展，http：//www.sipo.gov.cn/dtxx/gw/2002/200804/t20080401_ 351333. html，访问日期：2012 - 3 - 20。

申请日至少一年以前已经将该发明付诸实施并在有效申请日前已经商业性使用者，可对发明人的专利侵权主张提出抗辩。抗辩成功并不导致商业方法专利本身的失效。③对于因 USPTO 原因造成的保护延误的专利予以保护期的延长，适用情形包括特定的 PTO 程序性延误，申请审查超过三年和因纠纷程序、保密令和诉讼程序造成的延误。对于那些勤勉的申请者保证至少 17 个月的延长。④专利申请自有效申请日起 18 个月公开，除非申请人提出申请并保证发明没有也不会在外国申请。在申请公开后至专利授权期间，对于他人的制造、使用、销售或进口行为，申请人享有临时性的权利要求适当的使用费。⑤允许第三方通过提交书面答复的形式参与到复审程序中。但是选择参与的第三方申请者将不能够在之后的任何民事诉讼中挑战在该程序中认定的任何事实。⑥AIPA 再次将 USPTO 确立为美国商务部下面的一个接受商务部的政策指导绩效组织，并允许其以更商业化的方式运作，确立了 USPTO 新的领导层架构①。

2. 技术转移中介服务机构

在各国实践中，中介服务机构都在技术转移中扮演了重要角色，对此类机构性质、功能、运行机制的研究也成为技术转移专利制度设计的重要环节。

（1）美国大学技术许可办公室

技术许可办公室（Office of Technology Licensing，简称 OTL）由斯坦福大学创立，是目前美国运行最为成功的技术转移机构模式。在机构性质上，一方面，OTL 隶属于大学，代表大学进行技术和专利的管理工作。另一方面，OTL 采取企业化的运作方式，自主经营，自负盈亏，大学只在其成立之初一次性给予启动资金，其每年预算开支来自于专利许可毛收入的 15%，

---

① Talis Dzenitis . American Inventor´s Protection Act of 1999 is law，http：//www. uspto. gov/patents/law/aipa/summary. jsp，访问日期：2012－07－28。

结余部分放入研究激励基金①。这种设置在保障了学校对于技术成果的控制权的同时，也赋予了 OTL 足够的自主经营权。

OTL 模式的主要创新之处在于："将专利营销放在工作首位；工作人员均为技术经理；发明人和其所在院系参与分享专利许可收入②。"OTL 的运行流程如下：第一步，由发明人向 OTL 主动披露研发成果，OTL 随即记录在案并将研发成果指派给所属技术领域的技术经理。此处额外说明，就人才方面，OTL 要求其工作人员拥有相关技术背景和从业经验，懂得管理工作和相关法律知识，从而具备技术市场价值的评估能力。以斯坦福大学为例，OTL 工作人员包括主任、专业授权人员（licensing associates）、授权助理（licensing assistants）。授权助理负责机构与发明人、转移对象和其他人员之间的沟通协调，而专业授权人员负责对技术进行风险和市场价值评估，判断技术实施的可能性，决定是否申请专利。第二步，技术经理在与各方接触掌握大量信息的基础上，独立决定是否将该技术成果申请专利。一旦决定申请专利，OTL 一般委托校外专利申请机构负责具体申请事宜，同时自身积极寻找技术转移对象。第三步，与企业签订技术许可或转让合同。对于许可或转让费用，学校并不事先划定价格，而是由技术经理与企业进行谈判来确定。"为了避免利益冲突，学校规定发明人不能参加 OTL 与企业之间的专利许可谈判，这是由于发明人往往具有教师、技术转移收入分享者、企业工作人员等多重身份，如果发明人与谈判企业之间存在关联，OTL 要交研究院院长和发明人所在院院长复审；如果与发明人关联的企业最终被确定为专利许可或转让对象，OTL 还要起草备忘录，证明该企业是经过筛选的，并建议两院院长予以批准③。"第四步，成功签订技术许可或转让合同之后，OTL 在按照特定比例扣除行政管理费用和专利申请费用后，在发明人、发明人所属系、院和学校之间进行收益分配。在具体分配额度上存在固定比例模式和累计变化模式。固定比例，即分配收益按固定比例在

---

①②③　罗涛："斯坦福大学技术转移的成功经验"，《新经济导刊》，2001 年第 18 期。

上述各方之间分配。在具体比例确定上大学拥有一定自主权。例如斯坦福大学采取平分制，发明人、发明人所属院系和大学各分得三分之一；也有大学给予发明人更高的比例，如杨百翰大学收益分配比例为发明人45%，学校27.5%，发明人的学院27.5%[①]。累计变化，是指随着技术转移净收入的提高而降低发明人的获益份额。例如耶鲁大学规定专利许可净收入累计达到5万美元之前，发明人得35%，系、院和学校分别得到30%、20%和15%；累计超过5万美元后，发明人得25%，系、院和学校分别得40%、20%和15%[②]。第五步，在签订技术许可和转让合同之后，OTL工作人员还需与转移企业保持弹性关系，以便获取客户反馈和市场需求信息。

　　OTL模式带来了多方共赢的局面。第一，对于大学，虽然《拜杜法案》限制大学必须将技术转移的收入返还于教学科研之中，但在该范围内，大学对于这些收入的使用具有很强的自主性，可以以此来支持难以获得外资资助的前沿性研究。例如，OTL通过设立基金资助师生将技术雏形向具体应用阶段推进，使技术更接近商业化而易于推销。第二，对于作为教师的发明人，可以从技术转移中获得可观的收益，又因此与企业之间建立起良好的沟通和联系，有益于发明人从企业方获得研究资助和最近技术动态和需求信息。第三，对于一些高新技术产业而言，OTL许可出的技术成为其成长和壮大的源泉。第四，对于政府和公众，OTL技术转移所产生出的社会和经济综合效益也非常可观，整体上增强了美国企业竞争力，增加了就业机会，提高了公众生活质量[③]。

　　（2）日本大学技术许可办公室

　　同立法状况相似，日本的技术转移机构也有着浓重的模仿美国的痕迹，同样通过设立隶属于高校的技术许可办公室的方式来促进技术从高校和科研机构向企业转移。日本OTL管理流程与美国十分相似，值得注意的是，在"《大学等技术转移促进法》"的政策框架下，OTL享有专利申请优先、申

①②　翟海涛："美国大学技术转移机构及对我国的启示"，《电子知识产权》，2007年第12期。
③　罗涛："斯坦福大学技术转移的成功经验"，《新经济导刊》，2001年第18期。

请费用减免等诸多优惠措施"①，同时，日本 OTL 可在企业筹资出现暂时性困难时向企业提供融资帮助，通过其在融资领域享有的税收减免优惠来帮助企业吸引风险投资。

日本 OTL 在设置条件和具体职能上可以分为两类，第一类的设置较为严格，需要日本文部科学省和通商产业省共同承认，"职能涉及大学、科研院所以及个人所有的知识产权交易，享受最多可达 3000 万日元的年度财政补贴和上限为 10 亿日元的贷款担保等优惠措施。这种形式是日本 OTL 的主体形式"② 第二类设置"只需由文部科学省或各省主管大臣审核批准，一般由政府支持下的科研院所衍生而来，专门负责国家所有的知识产权的交易，享有专利申请费用上的优惠政策，但不享受财政补贴和贷款担保"③。

(3) 德国史太白技术转移中心

德国史太白技术转移中心由史太白经济促进基金会及其大量附属机构组成，包括了史太白技术转移有限公司、史太白大学和众多专业史太白技术转移中心。史太白技术转移中心依照"应用研究成果；扩大技术转移网络；提供可靠的专家意见；给出整体解决方案；严守客户机密；放宽各中心管理权限；为公共服务事业寻找商业化出路"④ 的原则和理念，以市场为导向成功实现了自身商业化运作，现已发展为了面向全球提供技术和知识转移服务的国际化技术转移机构，在包括美国、日本、法国、意大利、澳大利亚、英国、阿尔巴尼亚、印度、波兰、西班牙等国家在内的 40 多个国家建立了专业技术转移中心。

史太白技术转移中心不属于政府财政支持的技术转移机构，但在发展过程中依然获得了政府支持，主要包括三方面，一是基金会作为非营利组织享有税收优惠；二是中心发展初期（1999 年以前）中心每年获得所在州

---

①②③　韩振海，李国平，陈路晗："日本技术转移机构（TLO）的营建及对我国的启示"，《现代日本经济》，2004 年第 05 期。

④　范例，竺树声，叶润涛："德国史太白基金会的特点及对我们的启示"，《浙江科技学院学报》，2003 年第 3 期。

政府的 50 万到 200 万马克的资助；三是中心为所在州政府提供申请政府资助的项目的评估服务，获得报酬。

　　史太白技术转移中心组织结构如图 4.1，其中史太白经济促进基金会为民间非营利组织，设有理事会和执行委员会。理事会由 22 名常任理事和 22 名候补理事组成，来自企业界、学术界、行政界，理事会主席由选举产生。执行委员会由理事会主体和 6 名代表组成。史太白经济促进基金会下设立了史太白大学和史太白技术转移有限公司。史太白大学成立于 1998 年，是基金会为培养"具有新理念并能应用于实际的新一代工商管理人才"而设立的私立大学，教学与实践紧密联系，学生除"接受学术培训外，每个学习课程还要求在公司完成一个项目"[①]。史太白技术转移有限公司为基金会独立的子公司，其下又设有史太白技术转移中心、史太白基金会协作公司和史太白持股公司，负责基金会包括技术转移在内的所有商业活动。公司下属各史太白技术转移中心常常设立在大学、科研机构内，也存在与商业合作伙伴合建的情形，是整个史太白网络的中枢。

　　基金会对各技术转移中心下放权力，实行扁平化的管理，各中心均独立对外，可与客户直接联系，完全市场化运作，自负盈亏，在市场竞争下，每年有新的技术转移中心建立，也有经营不善的机构倒闭。基金会负责统一的宣传，制定统一的服务原则和标准，但不干涉各专业技术转移中心的具体管理工作。各中心可从基金会得到的帮助包括："通过基金会得到项目和任务；与外界的合作项目由基金会承担风险；利用基金会的信誉将各领域的教授吸收为基金会成员，使其服务易被社会接受[②]。"

　　"史太白技术转移有限公司对各专业技术转移中心负管理责任。综合性的大型项目通常由史太白技术转移有限公司组织，选择一些专业技术转移

---

　　① 范例，竺树声，叶润涛："德国史太白基金会的特点及对我们的启示"，《浙江科技学院学报》，2003 年第 3 期。
　　② 沈恒超："德国史太白技术转移中心的经验与启示"，http：//www. chinareform. org. cn/cird-bbs/dispbbs. asp？ boardid = 12&Id = 282763，访问日期：2012 – 4 – 29。

中心开展分工合作①。"

"各专业技术转移中心提供的服务内容主要包括咨询服务、研究开发、在职培训和评估服务，服务费用没有统一标准，通常与服务对象协商确定。各中心每年将净收入的一定比例上交总部，目前为9％，是基金会的主要经济来源②。"

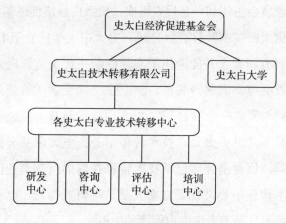

图4.1 史太白中心组织结构

（4）英国技术集团（BTG）

英国技术集团（British Technology Group）于1981年由国家研究开发公司（National Research Development Company）和国家企业联盟（National Enterprise Board）合并而成，80年代进行了私有化改革，之后在业务领域的不断扩展中实现了从技术转移中介机构向实体化公司的转变。

BTG兼具了技术转移和风险投资的双重功能，主要目标是实现技术的商品化，具体业务包括"寻找、筛选和获得技术、技术转移、风险投资和支持各种形式的技术开发"③。除此之外，BTG还"具有由国家授权的保护专利和颁发技术许可证的职能权利，具有根据社会需要保证对国家的研究

---

① ② 沈恒超："德国史太白技术转移中心的经验与启示"，http：//www.chinareform.org.cn/cird-bbs/dispbbs.asp？boardid＝12&Id＝282763，访问日期：2012－4－29。

③ 李志军："英国技术集团（BTG）的技术转移"，《调查研究报告》，2003年第52号。

成果或诸多有应用前景的技术进行再开发的权责，有权对相关项目给予资金支持，这使得高度商业化的 BTG 更容易获得公立研究机构和大学的信任"①。

机构性质上，"BTG 属于科技中介股份有限责任公司，其运行机制是充分利用国家赋予的职权，同国内各大学、研究机构、企业及众多发明人建立紧密联系，形成技术开发—技术转移—再开发及投产等一条龙的有机整体，利润共享"②。BTG 的技术转移流程一般包括"技术评估、专利保护、技术开发、市场化、专利转让、协议后的专利保护与监督、收益分享"七个阶段。

由风险投资支持的专利经营促成了 BTG 的综合优势，不同于许多技术转移机构单纯从直接的技术许可或转让的搭桥中获得中介服务费，BTG 常常将自身置于买方或卖方的地位，注重技术市场的长远利益，投资于技术的进一步研发和升级，策略性地进行专利申请和包装，在促进技术转移的同时也帮助了技术本身的发展，从中获取了丰厚的回报。

3. 技术转移成功案例

（1）美国燃料电池研发历程和成功因素

燃料电池是一种将存在于燃料和氧化物中的化学能直接转换为电能的装置，其本身并不能储存电能。燃料电池最早用于航天需要，20 世纪 80 年代后期技术的进步使得燃料电池成本不断降低，其大规模商业化的应用成为可能。燃料电池相比燃烧化石能源发电更为清洁环保，同时也对解决全球能源危机具有重要意义，成为美国政府能源计划的重要投资领域。

目前最具市场价值的燃料电池是质子交换膜式燃料电池（PEM），其优点是对氢的纯度要求不高，缺点是电极和转换膜价格昂贵，该技术最早由

---

① 陈宝明："英国技术集团发展经验"，《高科技与产业化》，2012 年第 02 期。
② 李志军："英国技术集团（BTG）的技术转移"，《调查研究报告》，2003 年第 52 号。

通用电器公司研发。20 世纪 50 年代，通用电器获得了 110 万美元的政府研发资助，被视为政府投资燃料电池研发的开端①。20 世纪 70 年代到 80 年代，美国燃料电池研发集中于其他领域，而 PEM 领域唯一的研究者是 Los Alamos 国家实验室，该实验室成功发现了降低电极成本的方法，这吸引了一家名为 Ballard 的公司，从而建立起了科研机构与产业之间的联系。1986 年，该公司在交换膜的研发上亦取得重大进步，打开了这一前沿技术付诸商业化应用的大门。1995 年，一家名为 MTI 的技术企业从 Los Alamos 实验室获得了相应技术许可，从事燃料电池的制造，同时在政府采购中获得了美国能源部 200 万美元的合同来从事 PEM 燃料电池原型机的研发制造。1997 年美国大型电力公司底特律 DTE 能源公司决定投资燃料电池领域，与 MTI 合资成立 PlugPower，专门从事固定式燃料电池系统的研发。

在 PEM 燃料电池技术研发与应用的过程中，专利制度起到了至关重要的作用。在该技术发展初期，政府资助扮演了重要角色，使得国家实验室实现了关键性的技术突破，明晰了该项技术的市场前景。同时，《拜杜法案》和《联邦技术转移法》等明确了政府资助项目技术成果的归属，促进了国有研究所从事知识创新和与企业展开合作的积极性，专利法所建立的知识产权保护体系保证了技术研发的投资回报，促进了研发和风险投资。此外，税收政策、宏观财政金融政策、政府采购、人才培养、行业标准的制定等都对燃料电池技术研发和产业化产生了积极的影响②。

（2）意大利移动通信公司创新经验

意大利移动通信（Telecom Italia Mobile）是意大利移动通信市场上的主导运营商，其出众的经营业绩与技术创新和技术转移密切相关。意大利移动通信建立有自己的研究院——意大利电信研究院，先后开展了互联网、MPEG 技术、语音识别、计算机开发、交互式电视、移动通信网络、光纤通信等方向的研究③。在注重自主创新的同时，意大利电信研究院积极与各科

---

①②③　中华人民共和国科学技术部编：《外国政府促进企业自主创新产学研相结合的政策措施》，科学技术文献出版社 2006 年版。

研院所、大学、企业研究中心等机构展开密切的合作关系。意大利电信研究院与国家研究委员会下属的与信息技术有关的研究所保持直接合作关系，同时与都灵工业大学开展移动通信、多媒体服务、网络 IP 优化、光纤通信等方面的创新合作，与米兰工业大学开展声像编码方面的合作，与佛罗伦萨大学开展无线网络安全方面的合作，与其他诸多大学也保持着特定领域的合作关系①。2002 年，在政府支持下，意大利移动通信组建了"都灵无线"联合体，其成员来自中央政府、地方政府、行业协会、大学、国家科研院所、企业以及金融机构，旨在加强无线通信领域的科技创新，吸引和帮助创新型中小企业建立和发展，增加信息技术对于地区经济的贡献率。

意大利移动通信领域的技术发展与专利制度也息息相关。专利制度对于产权的确认与保障，是企业、政府、研究院、大学等各方展开密切交流的前提，相应的技术、财政、税收等方面的法规与政策，确保了各方技术研发投资的收益和回报，构成了各方互相信任的基础，成就了意大利移动通信多方位的技术创新与转移网络。

4. 国外强制许可制度与技术转移

（1）各国强制许可制度

①德国强制许可制度。根据德国《专利法》第 24 条第 1 款的规定，授予强制许可的前提条件是：在合理的期限内，以合理的惯常商业条件，强制许可的寻求者未能获得专利权人使用发明的同意，并且包含了公共利益的需要。在具体法院判决中，对于公共利益这一概念并没有具体的说明，实际上，对这个概念的认识是随着时间的变化而变化的。但公共利益条件的存在使得专利的不充分实施不能独立成为授予强制许可的理由。这一条件在从属专利强制许可中有所改变，德国《专利法》的修改取消了原本也

---

① 中华人民共和国科学技术部编：《外国政府促进企业自主创新产学研相结合的政策措施》，科学技术文献出版社 2006 年版。

存在于从属专利强制许可情形下的公共利益要件。

在联邦德国，迄今为止只授予了一个强制许可，而且联邦专利法院的这个判决后来又被联邦最高法院撤销了①，这与德国强制许可条件的严苛有密切关系。因而德国的强制许可制度更多的是作为对专利过度垄断的威慑而存在，对于实际的技术转移的影响较小。

②美国强制许可制度。美国《专利法》中并没有针对强制许可制度作出专门规定，然而这并不意味着美国法律中不存在强制许可。美国的专利许可制度散见于其诸多法令中。这些规定大体分为三类。第一类，出于公共利益的考量，在一些特殊领域直接规定强制许可。例如美国《空气清洁法》（the Clean Air Act）规定了对控制空气污染的发明的强制许可；《原子能法》（the Atomic Energy Act）规定了对原子能发明的强制许可；《植物品种保护法》（the Plant Variety Protection Act）中规定了对有性繁殖的新植物品种的强制许可。这类许可主要由第三者向政府设立的相应机构提出申请，在申请经过申请被批准之后才能实施。第二类是反垄断案件中的强制许可。在反垄断案件中，强势企业的合并尤其容易导致反垄断调查，如果合并确实会导致行业的垄断，强制许可往往成为允许合并的一个条件②。而在实际的专利诉讼中，被控侵权人可以将专利的不实施作为抗辩理由，一旦法院拒绝颁发禁令，只判处赔偿，就构成了实际上的强制许可。第三类是美国政府及其协议人的强制许可，也是颇受质疑的一种强制许可情形。美国《司法和司法程序法》在其第四部"司法管辖"第 91 章"联邦索赔法院"中有一款规定（28U. S. C. A. § 1498（a））："当一项被合众国专利所覆盖或者描述的发明被合众国使用或者制造，或者是为了合众国而使用或者制造，而合众国没有经过其专利权人的许可或者没有经过其他有使用和制造权的人许可，权利人可在合众国联邦索赔法院对合众国提起诉讼，要求合众国对这种使用和制造行为赔偿合理和全部的补偿③。"尽管该条并非《专

---

① ②　单晓光，张伟军，张韬略，刘晓海："专利强制许可制度"。
③　和育东：《美国专利侵权救济》，法律出版社 2009 年版。

利法》的实体法条文，但却为美国政府提供了广泛的强制许可，即其可以使用或许可他人使用任何一项专利而只需承担赔偿责任，不会面临法院颁发的禁令。

③印度强制许可制度。印度《专利法》中规定了三种情形下的强制许可。第一，公众对于专利发明的合理需要无法满足，具体可以解释为："1. 由于专利权人拒绝以合理条件授予许可，而（1）损害了印度现有的贸易或产业及其发展，或者新的贸易或产业的建立，或者任何在印度进行贸易或制造的人的贸易或产业；或者（2）没有在充分的范围或者以合理的条件满足人们对该专利产品的需求；或者（3）没有提供或开发在印度制造的专利产品的出口市场；或者（4）损害了印度的商业活动的建立和发展。2. 由于专利权人在授予专利许可或者购买时附加了条件，使得租赁或使用专利产品或方法，制造、使用或销售不受专利保护的物质，或者在印度建立或发展贸易或产业受到了损害。3. 专利发明在印度国内没有按足够的商业规模来实施或者没有以合理可行的最大规模来实施。4. 由于从国外进口专利产品，妨碍或阻止了在印度国内对专利发明进行商业规模的实施。这种进口是由（1）专利权人或其要求的人；（2）从专利权人处直接或间接购买的人；（3）专利权人没有或尚未对其提出侵权指控的人来进行的。5. 专利权人在授予专利许可时附加条件，要求给予独占的回授、不准对专利的效力提出异议或者强制的一揽子许可。"①第二，没有以可承受的合理价格向公众提供专利发明。第三，没有在印度实施专利发明。

印度的强制许可制度十分强调本国的产业利益和国民利益对于满足公众合理需求的解释，扩大至本国贸易、产业、商业活动的建立和发展以及本国出口需求的满足。该制度还强调了合理价格和本国实施两项，对国外专利权的针对性非常强，一旦国外专利权人没有进行或通过特别的许可来规避其专利技术在印度国内的广泛实施，从而使得印度国内难以形成或发

---

① 单晓光，张伟军，张韬略，刘晓海："专利强制许可制度"。

展该专利产品涉及的产业，印度政府即可对该专利进行强制许可。

　　另外，印度《专利法》还专章规定了"为了政府的使用"，类似于英国的"王国使用"制度。根据《专利法》第99条（1）的规定，所谓"为了政府的使用"，是指一项发明为了中央政府、邦政府或政府企业而被制造、被使用（use）、被利用（exercise）或被销售。根据《专利法》第100条（1）的规定，"为了政府的使用"的申请人不仅可以是政府自身，还可以是经中央政府书面授权的任何人①。

　　④巴西强制许可制度。巴西作为中等收入国家，其强制许可制度一直致力于扶持本国产业、降低国民健康维持成本等公共利益。巴西《工业产权法》第68条规定了防止权力滥用的强制许可。第68条（1）又特别规定：在专利授权三年后，"以下两种情形也可以成为实施强制许可的依据：1. 除非由于缺乏经济上的可行性而没有在巴西实施专利，因没有制造或没有充分制造专利产品或者没有充分使用专利方法以致没有在巴西实施专利；在这种情形下，应允许（被许可方）进口（专利产品）；2. 销售（专利产品）没有满足市场的需求"。但是，专利权人如果有合法理由，可以避免因上述原因而被实施强制许可，这些理由包括：有合法原因表明不实施是正当的；证明已经为实施做了认真和有效的准备；因存在法律障碍使得不制造或销售是正当的。巴西《工业产权法》第70条规定了从属专利的强制许可，第71条规定了国家紧急状态或公共利益需要下的强制许可。

　　巴西的强制许可制度为其成功地遏止艾滋病传播起到了很大的作用。巴西政府在未获得进口艾滋病药药商的同意时，强制许可其拥有的药物研制中心进行该药的仿制。药物仿制成功后，巴西政府可以通过强制许可制度的威慑与药商进行谈判，迫使其降低药物价格，否则即由本国生产价格低廉的仿制药。在巴西政府的成功谈判案例中，强制许可制度赋予了巴西药商未经专利权人许可研发仿制药的权利，使得药物的制造技术发生了突

---

① 单晓光，张伟军，张韬略，刘晓海："专利强制许可制度"。

破专利权的转移，尽管巴西政府获得的仿制技术并没有在国内广泛实施，但却成为其压低专利药价格的谈判筹码。在一定程度上，巴西以及印度的强制许可制度，在维护其国家公众利益的同时，也起到了迫使国外专利技术向国内转移的作用。

（2）强制许可制度对技术转移的影响

专利制度赋予权利人技术上的合法垄断来激励技术的创新和传播，同时也一直面临着权利人滥用专利权、利用技术发展优势过度打压竞争者与消费者的潜在危险。特别是在国家层面的技术转移中，国与国之间在某些技术领域研发水平上的鸿沟仍在不断加宽，该层面上的专利权利滥用更直接影响到了一国事关国计民生的根本利益。

强制许可的制度设计理念正是在于限制专利权，防止专利权的过度垄断，平衡专利权人与社会公众之间的利益。秉承这一理念，一方面，强制许可制度同拜杜规则中的介入权一样，作为一种威慑而存在，即使并未实际实施，也并不妨碍制度作用的发挥；另一方面，巴西和印度的实践证明了强制许可制度在国际技术转移对价谈判上的筹码作用。为维护本国公共利益，特别是满足医药领域的公共健康需求，两国虽然在强制许可的颁发和施行上态度谨慎，但成功地利用强制许可实施的可能性大幅压低了进口药品的价格，成为强制许可制度影响技术转移的典型案例。尽管在各国的实践中鲜有强制许可切实颁发实施的案例，该制度本身的设计理念与巴西的实践都说明了其在技术转移中限制专利权滥用，在技术转移中维护公共利益的作用。

三、我国技术转移立法、政策及存在的主要问题

1. 我国技术转移政策法规

改革开放后相当长时期内，我国对于国家资助科技项目成果的归属坚

持收归国有，对技术转移也采取严格的行政命令或行政审批模式，这体现在一些政策性的国家部委项目管理规定和国家科技计划中，例如 1984 年颁布《关于科学技术研究成果管理的规定（试行）》和 1989 年《国家科委"863"计划科技成果管理暂行规定》①。1999 年中共中央国务院发布《关于加强技术创新发展高科技实现产业化的决定》，科技部等有关部门此后陆续出台《关于加强与科技有关的知识产权保护和管理工作的若干意见》、《关于国家科研计划项目研究成果知识产权管理的若干规定》、《关于加强国家科技计划知识产权管理工作的规定》等行政规章，逐步推进了国家资助科技项目成果权利归属和技术转移上的宽松化改革。其中 2002 年由科技部和财政部发布的《关于国家科研计划项目研究成果知识产权管理的若干规定》被认为是借鉴美国拜杜规则的首次尝试。2006 年国家知识产权局向国务院提交的《专利法》第三次修改的修订草案送审稿第 9 条出现了中国版的拜杜条款，在随后的草案中又被删除，最终该规定出现在了 2007 年第二次修订的《科学技术进步法》中。2010 年科学技术部、国家发展和改革委员会、财政部、国家知识产权局联合印发了《国家科技重大专项知识产权管理暂行规定》，对项目流程中的知识产权因素做出了规定，其中专章规定了知识产权的归属、保护、转移和应用。

　　以下将依据制定时间顺序逐一分析较为重要的法规和政策。需要说明的是，影响技术转移的法规政策远不限于此类科技法规与项目规章，而是包含了知识产权、金融财税、民商事法律以及产业发展等多方面的内容，只是下文的讨论限于与国家资助科技项目成果的归属和转移直接相关的法规与政策。

　　（1）1996 年《促进科技成果转化法》

　　《促进科技成果转化法》是我国与技术产业化最相关的法律，但其制定于 1996 年，限于当时在技术转移认识上的局限性，"没有专门规定促进科技成果

---

① 胡朝阳："科技进步法第 20 条和第 21 条的立法比较与完善"，《科学学研究》，2011 年第 03 期。

专利化并进而实现产业应用的条款，只是对技术的'实施转化'进行了概念性的规定，即'实施转化'是指为提高生产力水平而对科学研究与技术开发所产生的具有实用价值的科技成果所进行的后续试验、开发、应用、推广直至形成新产品、新工艺、新材料，发展新产业等活动"[①]。该法还规定了实施转化的具体方式，包括：①自行投资实施转化；②向他人转让该科技成果；③许可他人使用该科技成果；④以该科技成果作为合作条件，与他人共同实施转化；⑤以该科技成果作价投资，折算股份或者出资比例。

（2）2002年《关于国家科研计划项目研究成果知识产权管理的若干规定》

2002年4月，科技部和财政部发布的《关于国家科研计划项目研究成果知识产权管理的若干规定》中规定："科研项目研究成果及其形成的知识产权，除涉及国家安全、国家利益和重大社会公共利益的以外，国家授予科研项目承担单位（以下简称项目承担单位）。项目承担单位可以依法自主决定实施、许可他人实施、转让、作价入股等，并取得相应的收益。同时，在特定情况下，国家根据需要保留无偿使用、开发、使之有效利用和获取利益的权利[②]。"这一规则借鉴了美国的《拜杜法案》，明确政府资助科研成果的知识产权可归属于项目承担单位，期望通过此举刺激项目承担单位的技术创新和实施的积极性，解决国内政府投资科研项目创新度不高、成果实施率低的问题。

但该规定也存在着种种缺陷。第一，在效力范围上，该规定只能对科技部和财政部资助的项目承担者产生效力，而不能影响其他部门和地方政府资助项目的承担者，因而该规定缺乏普遍适用性。第二，在制度设置上，对于项目承担者，未明确其获得产权后的保护和实施义务，缺乏相应监督措施，而对于国家，其使用和转让也缺乏特定情况和方式上的限定，如果国家可以

---

① 国家专利局专利发展研究中心："专利保护与促进条例研究"，2011年9月。

② 宗晓华，唐阳："大学—产业知识转移政策及其有效实施条件——基于美、日、中三版《拜杜法案》的比较分析"，《科技与经济》，2012年第01期。

随意处置项目成果的知识产权，那产权归属的重新分配将失去意义。

(3) 2006 年《国家中长期科学和技术发展规划纲要》

2006 年国务院根据党的十六大制定国家科学和技术长远发展规划的要求，出台了《国家中长期科学和技术发展规划纲要》（以下简称"纲要"），纲要确定我国在 2006 ~ 2020 年间"自主创新，重点跨越，支撑发展，引领未来"的科技工作指导方针，将提高自主创新能力摆在了全部科技工作的突出位置。纲要确立了到 2020 年我国科学技术发展的总体目标：自主创新能力显著增强，科技促进经济社会发展和保障国家安全的能力显著增强，为全面建设小康社会提供强有力的支撑；基础科学和前沿技术研究综合实力显著增强，取得一批在世界具有重大影响的科学技术成果，进入创新型国家行列，为在 21 世纪中叶成为世界科技强国奠定基础。

在此基础上，纲要立足我国国情和需求，明确确立了国民经济和社会发展的重点领域、重大专项、前沿技术和基础研究。同时，纲要要求深化体制改革，完善政策措施，突进国家创新体系建设，为我国进入创新性国家行列提供可靠保障。

纲要的配套政策实施细则涵盖了科研项目专项资金管理、税收激励、金融支持、政府采购、引进消化吸收再创新、人才培养、科技创新基地与平台建设、教育与科普等多个领域。

科技投入资金管理领域的配套政策包括《中央级公益科研院所基本科研业务费专项资金管理办法（施行)》、《公益行业科研专项经费管理实行办法》、《国家高技术研究发展计划（863 计划）专项经费管理办法》、《国家科技支撑计划专项经费管理办法》、《国家重点基础研究发展计划专项经费管理办法》等。其中《中央级公益科研院所基本科研业务费专项资金管理办法（施行)》第十七条规定："使用基本科研业务费形成的固定资产、无形资产等均属国有资产，并按照国家有关规定执行管理。"《公益行业科研专项经费管理实行办法》第三十九条规定："专项经费形成的固定资产属国有资产，一般由项目承担单位进行管理和使用，国家有权调配用于相关科学研究开发。专项经费形成的知识产权等无形资产的管理，按照国家有关规定执行。专项实施中所需的仪器设备应当尽量采取共享方式取得。专项经费形成的大型科学仪器设备、科学数据、自然科技资源等，按照国家有关规定开放共享，减少重复浪费，提高资源利用效率。"近乎一模一样的表达也出现在了《国家重点基础研究发展计划专项经费管理办法》第二十六条、《国家高技术研究发展计划（863 计划）专项经费管理办法》第二十八条。可见，这些纲要的配套实施细则都将国家资助科研项目形成的资产划分为固定资产和无形资产两大类，《中央级公益科研院所基本科研业务费专项资金管理办法（施行）》的规定与其他配套政策有所不同，将这两类资产一律视为国有资产。其他实施细则仅规定项目形成的固定资产属于国有资产，项目承担者享有使用权，至于项目形成的无形资产彻底交由国家有关规定来调整。

配套政策中创造和保护知识产权领域的实施细则包括《首台（套）重大技术设备试验、示范项目管理办法》、《科技计划支持重要技术标准研究与应用的实施细则》、《关于提高知识产权信息利用和服务能力，推进知识产权信息服务平台建设的若干意见》以及《我国信息产业拥有自主知识产权的关键技术和重要产品目录》。《首台（套）重大技术设备试验、示范项目管理办法》针对在国际或国内首次应用的重大技术设备的制造和采购制定了项目管理流程和优惠政策。其中所称的首台（套）重大技术设备是指对国民经济安全、国防建设、产业结构调整、产业升级和节能减排有重大影响和积极带动作用的装备产品，同时该装备产品必须是集机、电、自动控制技术为一体的，运用原始创新、集成创新或引进技术消化吸收再创新的，拥有自主知识产权的核心技术和自主品牌，具有显著的节能和低（零）排放的特征，尚未取得市场业绩的成套装备或单机设备，其成套的装备总价值应当在一千万元以上，单台设备价值应当在五百万元以上，总成或核心部件价值应当在一百万元以上[①]。这些设备在国际或国内首次应用时，可

---

① 《首台（套）重大技术装备试验、示范项目管理办法》（2008），第一条。

以由项目业主单位和制造单位提供实施方案来申请试验或示范项目，经国家受理、审批和认定后进行招投标确定拟采购单位和研制单位，在政策上可获得国家有关部门的政策优待、国家政策性银行业务范围内的信贷支持、国家的税收优惠和必要风险补助。《科技计划支持重要技术标准研究与应用的实施细则》调整的是"由各级政府及相关部门设立并组织实施的科学研究与实验发展活动及相关的其他科学技术活动"①，要求科技计划支持重要技术标准研究与应用，遵循"国内与国际相结合，标准化人才培养与基地建设相结合，产学研相结合，引导与统筹政府、行业、地方、企业、高校、科研机构等全社会资源相结合的原则"②。科技主管部门在制定科技计划和项目申报指南时应当"征求国务院标准化主管部门关于技术标准发展的意见，征求相关行业协会、产业联盟、技术联盟及标准联盟等行业组织和有关企业、科研机构、高等院校等相关技术标准意见"③。对于科技计划形成的研究成果，建立起信息通报机制和转化为技术标准的快速工作机制。《关于提高知识产权信息利用和服务能力，推进知识产权信息服务平台建设的若干意见》为了充分发挥知识产权信息对自主创新的支撑作用，提高知识产权的创造、保护、管理和运用能力，提出了"在国家科技管理中加强知识产权信息的利用，大幅度提高科技创新主体利用知识产权信息的意识和能力"的意见，要求"国家科技计划的重点领域在制定指南和立项评审过程中，委托有资质的知识产权信息服务机构进行知识产权检索和分析。国家科技计划项目承担单位应指定专人负责知识产权信息检索分析工作，及时掌握相关领域知识产权的最新进展。各科技重大专项设立专门的知识产权信息服务小组，紧密配合研究开发和产业化进程，为重大专项实施提供全过程知识产权信息服务"④。

---

① 《科技计划支持重要技术标准研究与应用的实施细则》（2008），第一条。
② 《科技计划支持重要技术标准研究与应用的实施细则》（2008），第四条。
③ 《科技计划支持重要技术标准研究与应用的实施细则》（2008），第七条
④ 《关于提高知识产权信息利用和服务能力 推进知识产权信息服务平台建设的若干意见》，http：//www. gov. cn/ztzl/kjfzgh/content_ 883851. htm，访问日期：2012 - 7 - 30。

（4）2007 年《科学技术进步法》

《科学技术进步法》2007 年的第二次修订，首次在立法层面上引入了美国《拜杜法案》的核心内容，以法律的形式确立了政府资助科研项目成果的权利归属规则。修订后的《科技进步法》第二十条规定："利用财政性资金设立的科学技术基金项目或者科学技术计划项目所形成的发明专利权、计算机软件著作权、集成电路布图设计专有权和植物新品种权，除涉及国家安全、国家利益和重大社会公共利益的外，授权项目承担者依法取得。项目承担者应当依法实施前款规定的知识产权，同时采取保护措施，并就实施和保护情况向项目管理机构提交年度报告；在合理期限内没有实施的，国家可以无偿实施，也可以许可他人有偿实施或者无偿实施。项目承担者依法取得的本条第一款规定的知识产权，国家为了国家安全、国家利益和重大社会公共利益的需要，可以无偿实施，也可以许可他人有偿实施或者无偿实施。项目承担者因实施本条第一款规定的知识产权所产生的利益分配，依照有关法律、行政法规的规定执行；法律、行政法规没有规定的，按照约定执行。"

相比《关于国家科研计划项目研究成果知识产权管理的若干规定》，《科技进步法》的规定更为细致全面。第一，该条文第一款采用列举方式限定了国家资助科研项目成果的权利客体，包括发明专利权、计算机软件著作权、集成电路布图设计专有权和植物新品种权，列举了项目承担单位不可获得相应产权的情形，即涉及国家安全、国家利益和重大社会公共需要，结合其他规定，科技计划归口管理部门应当在立项或验收时予以确认项目成果是否涉及这三方面。第二，该条文纳入了《拜杜法案》中政府的介入权，规定了项目承担者对于成果形成的知识产权的保护、实施的义务和情况报告义务，在合理期限内未实施的，国家可以实施或许可他人实施。第三，该条规定了国家对于项目成果的无偿使用权，以及许可他人有偿或无偿使用的权利，其前提条件是为了国家安全、国家利益和重大社会公共利益的需要。第四，利益分配机制需另行规定。

另外，《科技进步法》第二十一条规定了国内产业优先原则，表述为："国家鼓励利用财政性资金设立的科学技术基金项目或者科学技术计划项目所形成的知识产权首先在境内使用。前款规定的知识产权向境外的组织或者个人转让或者许可境外的组织或者个人独占实施的，应当经项目管理机构批准；法律、行政法规对批准机构另有规定的，依照其规定。"

（5）2010 年《国家科技重大专项知识产权管理暂行规定》

2010 年，科学技术部、国家发展和改革委员会、财政部、国家知识产权局根据《科学技术进步法》、《促进科技成果转化法》、《专利法》等法律法规和《国家科技重大专项管理暂行规定》的有关规定共同制定了《国家科技重大专项知识产权管理暂行规定》，该规定针对重大专项项目流程中的知识产权因素，在项目各个环节为实施单位设立了有关知识产权的要求，同时"分析了项目管理部门有关知识产权的职责和权限，规定了项目实施过程中的知识产权管理，项目取得成果之后的知识产权的转移和运用，也规定了取得知识产权的归属"[①]。

该规定第四章内容为"知识产权的归属和保护"，第二十二条明确了重大专项产生的知识产权的权利归属，涉及国家安全、国家利益和重大社会公共利益的，权利归国家所有，项目承担者享有无偿使用权，除去上述情况外，项目承担者可取得产权，国家可为了国家安全、国家利益和重大社会公共利益无偿实施或许可他人实施。第二十五条规定了项目承担者对成果的保护义务和未履行该义务时承担的责任，其义务包括"适时申请专利权、申请植物新品种权、进行著作权登记或集成电路布图设计登记、作为技术秘密"予以保护，针对未履行义务的项目承担者，牵头组织单位应先书面督促，仍未采取保护措施的，牵头组织单位可自行申请知识产权或进行保护。第二十六条规定了作为技术秘密保护的成果应当采取的保护措施。第六十七条规定了发明人享受奖励的权利，但未具体规定数额。

---

① 国家专利局专利发展研究中心："专利保护与促进条例研究"，2011 年 9 月。

该规定第五章的内容为"知识产权的转移和运用"，其中存在许多鼓励性质的规定，包括鼓励成果信息的传播、鼓励成果知识产权参与国家和国际标准的制定、鼓励成果产业化等。其中第三十五条为类似介入权的规定，但相比《科技进步法》更为详细，在下述情形下，权利人无正当理由拒绝以合理条件许可他人实施时，牵头组织单位可以决定在特定范围内允许他人有偿或无偿实施：①为了国家重大工程建设需要；②对产业发展具有共性、关键作用需要推广应用；③为了维护公共健康需要推广应用；④对国家利益、重大社会公共利益和国家安全具有重大影响需要推广应用。

2. 我国技术转移中存在的问题

为鼓励科技创新和促进技术转移，在立法层面我国引入了拜杜规则，在国家部委的科研项目规定上也体现出了技术转移方面的不断摸索和改进。在具体实践中，各高校也积极尝试了各种技术转移模式，包括"国家工程（技术）研究中心模式、校企联合研发机构模式、技术转移办公室模式等"[①]。各方努力在取得成效之时也显现出种种问题，成为我国技术转移制度改进和完善的关键点。

（1）立法缺乏细化标准，制度建设存在缺漏

虽然我国在立法层面上引入了拜杜规则，但依然存在明显的问题，即"在国家立法的刚性与行政规章的弹性之间存在法律调整体系化的空白"[②]。这一问题具体体现在以下几个方面。

其一，在产权归属上，《科技进步法》规定："利用财政性资金设立的科学技术基金项目或者科学技术计划项目所形成的发明专利权、计算机软件著作权、集成电路布图设计专有权和植物新品种权，除涉及国家安全、国家利益和重大社会公共利益的外，授权项目承担者依法取得。"然而"涉及国家安

---

① 张平，黄贤涛："高校专利技术转化模式研究探析"，《中国高教研究》，2011 年第 12 期。

② 胡朝阳："科技进步法第 20 条和第 21 条的立法比较与完善"，《科学学研究》，2011 年第 03 期。

全、国家利益和重大社会公共利益"的判断标准、主管机构、判断时间、判断程序和救济措施均未做细化规定，为该条的具体执行带来了困难。

其二，在各方权责，特别是国家介入权的行使范围上存在缺陷。在项目承担者的权责上，无论是《科技进步法》还是《国家科技重大专项知识产权管理暂行规定》，都注重知识产权的保护义务，后者还将权利的保护方式扩展到了作为技术秘密进行保护的层面，这种保护方式是否与促进技术转移的宗旨和政府资助项目成果中的公共属性存在冲突值得思考，很难想象作为技术秘密进行保护的科研成果如何积极地寻求充分实施，如果允许项目承担者长期将项目成果作为技术秘密所有，很有可能再次导致技术被束之高阁的结果。考虑到商业秘密这种保护手段的优缺点，对于一些比较前沿但不够成熟、目前难以实现产业化的技术，确实适合采用此种方式。因而笔者的观点是，针对国家资助形成的技术成果，技术秘密的保护手段并非是不能容忍的，需要防范的是这些技术成果被作为技术秘密长期封存下去，而其所有者却依然被认为尽到了足够保护义务，尽管这种保护在技术传播的便利性上无法与申请专利相比。

在政府的权责上，《科技进步法》规定在两种情况下，国家可以"无偿实施，也可以许可他人有偿实施或者无偿实施"，第一是"为了国家安全、国家利益和重大社会公共利益的需要"，第二是项目承担者"在合理期限内没有实施"。这里存在着政府使用权和介入权行使条件和方式上的混淆。反观《拜杜法案》的设计，其首先规定了政府对于项目发明非独占、不可转让、不可撤销的无偿使用权，对不可转让的突破是政府为履行国际义务可在资助协议中添加转让权利的条款，其次规定了政府介入权，即在特定情形下政府可向他人颁布独占或非独占的许可，具体情形包括合理期限内未采取有效措施进行实际应用，未适当满足健康和安全需求或联邦规章规定的公众使用需求，违背了美国产业优先规则。对比之下不难发现我国立法在政府这两种权利的区分上做得不够，导致政府在实施权和许可权上的差异消失，再加上具体情形判断规则缺失，使得政府介入缺乏约束，容易使得权利归属于项目承担者的设计意义落空。

其三,在利益分配机制上,虽然法律法规中对于发明人利益的保护有所强调,但一直未制定具体的分配规则,不利于激励发明人的创新积极性。

(2) 立法之间衔接较差,制度关系有待厘清

我国技术转移领域的法律法规多为科学技术法以及各项目主管部门的科技规章,科技性的法律法规与知识产权立法,特别是《专利法》缺乏衔接与呼应,甚至存在着制度理解上的疑惑,如"为了国家安全、国家利益和重大社会公共利益实施政府资助项目发明成果"制度和《专利法》上的强制许可制度。二者的对比如表4.1所示,产生区别的原因在于,"《科技进步法》的规定属于国家权利保留,而《专利法》中的强制许可则属于对专利权人的权利限制。然而如何具体实施,法律尚无明确规定,其与《专利法》的区别如何把握[①]",最重要的是"国家紧急状态、非常情况和公共利益"与"国家安全、国家利益、重大社会公共利益"的实施条件各自如何衡量,实践中也很可能出现问题。在这一制度关系问题上,国家权利保留的执行条件和程序有待进一步明确,而《专利法》强制许可中为公共利益而实施的强制许可这一制度本身也因其自身含义过于模糊和宽泛,与其他强制许可制度难以形成逻辑上的并列关系,立法上有待进一步完善和改进。

表 4.1 两种制度差异对比[②]

	为国家和公共利益的无偿实施	《专利法》为国家和公共利益的强制许可
对象	特定对象:政府资助的科研	适用于所有对象
实施费用	无偿、有偿	有偿
条件	国家安全、国家利益、重大社会公共利益	国家紧急状态、非常情况、公共利益
实施主体	国家或者他人	符合条件的他人
审理机构	国家	国家知识产权局

①② 徐棣枫:"'拜—杜规则'与中国《科技进步法》和《专利法》的修订",《南京大学法律评论》,2008 年 Z1 期。

　　法律、行政法规与政策之间存在的不协调不一致的情况还可以从以下方面看出来。《国家中长期科学和技术发展规划纲要》配套政策《中央级公益科研院所基本科研业务费专项资金管理办法（施行）》规定"使用基本科研业务费形成的固定资产、无形资产等均属国有资产"，而其他配套政策又规定"专项经费形成的知识产权等无形资产的管理，按照国家有关规定执行"，配套政策之间存在不一致。《科技进步法》作为最高位阶的法律，规定"除涉及国家安全、国家利益和重大社会公共利益的外，授权项目承担者依法取得"，可以理解为"涉及国家安全、国家利益和重大社会公共利益"的技术将收为国家所有，项目承担者并不能保留产权。而《国家科技重大专项知识产权管理暂行规定》又规定"涉及国家安全、国家利益和重大社会公共利益的，权利归属国家所有，项目承担者享有无偿使用权"，使得该种情况下项目承担者额外地保留了技术的无偿使用权。现有各项法规政策中涉及拜杜规则的规定尚未具体化细致化，但仅仅在权利归属上便存在着多处不一致，因而有必要制定明晰的统领式的规则来引导下位法的统一。

　　（3）技术市场不够成熟，中介服务实力薄弱

　　我国技术市场的发育还不够成熟，这与国家整体的技术研发创新能力、技术供需方交流效率和技术贸易经验积累多方面的因素相关。在扶持科研创新、促进技术转移的过程中，技术转移中介服务机构建设成为其中的关键环节。尽管我国高校和民间存在多种形式的尝试，但多数还处于起步阶段，普遍存在着缺乏专业人才和市场开发能力不足的问题，更难提及进一步开发、培育和经营专利的能力。出于技术转移中介机构建设的滞后，一方面，我国大学还未建立起类似美国大学技术许可办公室的富有效率的技术转移机构，导致大学所拥有的专利许可转让率低，另一方面，在大学之外的知识产权中介机构中也缺乏类似德国史太白技术转移中心和英国技术集团的富有竞争力和高业务水平的商业化中介服务机构。

　　2011年有关学者对清华大学、北京大学、浙江大学、复旦大学、华东

理工大学、南京大学、山东大学、重庆大学、中南大学、哈尔滨工业大学、上海交通大学、华中科技大学、北京邮电大学等 13 所高校的技术转移模式所进行的实证分析和对比分析显示，我国大学技术转移模式处在多样化的发展趋势中，各高校都在同时尝试着多种形式的技术转移模式，也取得了一些成果。大学科技园模式、校企合作研究模式、技术创业模式是各高校都采用的模式。此外，这 13 所高校还涉及师生创业模式、技术市场模式、中介机构模式、投资机构模式、直接专利转化模式，但并不是各高校专利技术转化的主要方式。12 所高校涉及国家工程（技术）研究中心模式，该模式虽然比较普遍，但只涉及学校某重点专业或领域，直接给学校层面的专利转化带动作用也不明显。11 所高校涉及校企联合研发机构模式，该模式对学校向企业进行专利技术转化推动效果较好。9 所高校涉及省（市）校研究院模式，对于推动学校和目标地区之间的专利技术转化有一定作用。9 所高校涉及产业联盟模式，特别是技术标准联盟和专利联盟，目前正在成长为推动高校专利技术转化的新生力量。8 所高校涉及技术转移中心模式，4 所高校涉及技术转移办公室模式，2 所高校涉及技术转移公司模式，对高校专利技术转化具有重要推动作用，是高校技术转移的主要模式。此外，还有 5 所高校涉及产学研合作办公室模式，2 所高校涉及产学研基地模式，1 所高校涉及校企合作委员会模式，对于推动学校和目标地区之间的专利技术转化有一定作用 ①。这些调查数据显示了我国大学技术转移机构多样化发展的局面，各种模式的长处和缺点，需要在不断的实践中予以认识和总结，进而通过经验的积累和交流予以改进和推广。

（4）高校科研与企业投资的政策环境需要改善

我国大学的管理和评价体制僵化，缺乏鼓励院系和教师推进技术转移的机制，传统的科研管理和评估模式使得项目承担人员热衷于拿科研成果来评职称、获奖项，而不关心技术实际实施所能带来的利益。同时高校层

---

① 张平，黄贤涛："高校专利技术转化模式研究探析"，《中国高教研究》，2011 年第 12 期。

面缺乏完善的知识产权管理章程、高效的技术转移机构和激励机制，这直接导致了研发中和交易中的信息不对称，一方面，国家资助项目的技术成果因为科研人员"重理论轻实践"的偏好而难以迎合技术市场的需求，另一方面，即使项目技术成果具有实际实施的可能和商业价值，也因为交易平台的缺失和贸易信息的不流通而被冷落。因而高校科研管理和评估体制有待改进。需要考虑的是，"我国大学大多数属于国有事业法人性质，在国家释放权利的同时，知识产权成果必然又被以国有资产的形式控制起来，造成了我国高等学校科研成果大多数被束之高阁"①。因而，在建立技术转移鼓励机制、促进院系和教师积极参与技术转移的同时，也应当在科研管理上给予大学更多的自主权，使得代表大学的技术转移机构或人员可以独立地与有意实施技术的企业进行交易谈判，通过市场定价来获得技术转移收益。在公平的收益分配后，大学、院系对于这部分收益能享有以教学科研为目的的自主支配权。大学自主权是建立有效的技术转移激励机制的前提。

此外，在我国大中小企业整体创新研发能力有待提升的格局下，如何吸引企业与高校和政府科研机构展开积极的技术交易与合作研发，充分利用闲置的科研物资和人力来促进我国各个产业的发展，需要在企业投资政策的制定中予以关注。我国虽然在国家中长期科学和技术发展规划纲要》中规定"专项经费形成的大型科学仪器设备、科学数据、自然科技资源等，按照国家有关规定开放共享，减少重复浪费，提高资源利用效率"，但中小企业如何通过共享利用这些资源，还需要加强规则的可操作性。

执笔：李志军　郝　喜

---

① 苏竣，何晋秋等：《大学与产业合作关系——中国大学知识创新及科技产业研究》，中国人民大学出版社 2009 年版。

第五章 完善代理制度，提高专利服务质量

专利服务业是国家创新体系的重要组成部分，其发展好坏直接影响着创新效率的高低。要实现创新驱动经济增长，必须重视专利服务业的发展。专利服务业包括传统的也是最基本的专利代理服务业，以及随着经济发展而需求日益迫切的专利信息服务业和专利运用转化服务业。目前，我国专利代理服务业发展相对成熟，专利信息和运用转化服务业仍处于初期发展阶段。由于专利代理服务业涉及面广，面临着很多亟待解决的突出问题，本章着重研究专利代理服务业的发展，通过借鉴发达国家的做法和经验，探索促进我国专利代理服务业发展的制度完善和改进方向。

一、专利服务业及其作用

专利服务业是建立在专利制度上的一种新兴服务业，高度依赖专业知识，对社会经济发展和公共利益具有较大影响。

1. 专利服务业的内涵

专利服务业属于知识产权服务业的子行业。根据有关研究[1]，知识产权服务体系是以专利、商标、版权等知识产权制度和相关法律法规为基础，以政府部门、中介机构、大学和研究机构、知识产权事务服务中心、行业协会等各类组织为服务载体，以高新技术企业等创新主体的知识产权权利

---

[1]　杨铁军：《知识产权服务与科技经济发展》，知识产权出版社 2010 年版。

人为主要服务对象，为社会提供代理、评估、质押、风险投资、预警、展示交易、许可、培训、诉讼、维权、信息等服务的各类机构和社会资源的总和。根据该定义，相应可知专利服务业的内涵。

我国《国民经济行业分类》专门制定了知识产权服务业的统计范围，专利服务业的内容包括在其中。根据 2002 年《国民经济行业分类》，知识产权服务属于大类"74 商务服务业"下属中类"745 知识产权服务"，指对专利、商标、版权、著作权、软件、集成电路布图设计等的代理、转让、登记、鉴定、评估、认证、咨询、检索等活动，包括专利、商标等各种知识产权事务所（中心）的活动。具体包括：①专利转让与代理服务；②商标转让与代理服务；③版权转让与代理服务；④著作权代理服务；⑤软件的登记代理服务；⑥集成电路布图设计代理服务；⑦工商登记代理服务；⑧无形资产的评估服务；⑨专利等无形资产的咨询与检索服务；⑩其他知识产权认证、代理与转让服务。不包括：①专利、版权等知识产权的法律服务，列入 7421（律师及相关的法律服务）；②专利等知识产权的调解、仲裁服务，列入 7429（其他法律服务）；③出版商的活动，列入 882（出版业）的相关行业类别中；④政府部门的行政管理活动，列入 9424（社会事务管理机构）；⑤未申请专利的技术转让及代理服务，列入 7720（科技中介服务）。在以上国民经济行业分类和统计中，专利法律服务和调解、仲裁服务划入到"律师及相关的法律服务"和"其他法律服务"中。

根据专利服务业的内涵，其内容大致可分为专利代理和法律服务、专利信息服务、专利运用转化服务三类（见图 5.1）。

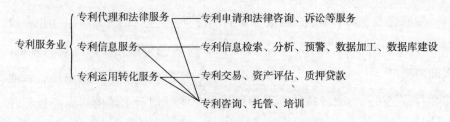

图 5.1 专利服务业分类

专利代理和法律服务主要指提供专利申请和法律咨询、诉讼等事务的服务，这是传统的、基本的专利服务。根据百度定义，专利代理是指在申请专利、进行专利许可证贸易或者解决专利纠纷的过程中，专利申请人（或者专利权人）委派具有专利代理人资格的在专利局正式授权的专利代理机构中工作①的人员，作为委托代理人，在委托权限内，以委托人的名义，按照《专利法》的规定向专利局办理专利申请或其他专利事务所进行的民事法律行为。专利代理还包括专利代理人接受专利权无效宣告请求人的委托，作为委托代理人，在委托权限内，以委托人的名义，按照《专利法》的规定向专利复审委员会办理专利权无效宣告请求相关事宜。

专利信息服务是利用专利信息开展的所有服务的总称。专利信息是以专利文献作为主要内容或以专利文献为依据，经分解、加工、标引、统计、分析、整合和转化等信息化手段处理，并通过各种方式传播而形成的与专利有关的各种信息的总称。专利信息含有与发明创造中和技术方案相关的技术信息，与专利权保护范围和专利权有效性相关的法律信息，与反映专利申请人或专利权人的经济利益趋向和市场占有欲望及潜在经济价值等相关的经济信息。专利信息分为基础性专利信息和增值性专利信息。基础性专利信息是专利行政部门所拥有的为公众提供的基本专利信息，是未经加工（原始信息）或加工程度较低的公众有权获取的信息。增值性专利信息是在基础性专利信息的基础上经过加工、分析和解读，具有增值性特质的专利信息。专利信息服务的性质可分为公益性服务和商业性服务两种。公益性专利信息服务主要由政府部门提供，满足公共需求，主要包括发布完整、准确、及时的基础性专利信息，公开与专利相关的各种公共信息，并为重大经济活动提供专利信息支持。商业性专利信息服务主要由商业性服务机构提供，提供多层次、个性化、专业化的专利信息服务，主要包括专利信息检索、分析和咨询服务、专利信息数据和软件服务等。

---

① 国外无在专利代理机构中工作的要求。

专利运用转化服务包括专利交易、资产评估、质押贷款等服务。

专利托管涉及上述三方面的业务，而专利咨询和培训需了解上述三方面的内容，从而为服务对象提供帮助。

2. 专利服务业的地位和作用

（1）专利服务体系是国家创新体系的重要组成部分

《国家中长期科学和技术发展规划纲要》提出，国家创新体系建设包括建设社会化、网络化的科技中介服务体系在内的五大体系，专利服务体系属于科技中介服务体系的一部分，也是国家创新体系的重要组成部分。

专利服务业有助于创新、保护创新利益和实现创新价值。创新是指从技术研发到商业化的全过程。只有技术转化为产品最终商业化并实现市场价值，创新才算完成。创新过程涉及将技术转化为专利，专利转化为产品，以及如何保护产品专利权等。这一过程的前后均需要大量的专利服务，才能促进这一过程向前迈进，最终实现创新价值，而专利服务的好坏决定了创新能否顺利实现。因此，专利服务体系在创新体系中具有重要作用。

（2）专利服务工作者是落实国家知识产权战略的重要力量

随着经济社会发展，知识产权的作用越来越重要，知识产权战略已经上升到我国的国家战略。在实施国家知识产权战略的过程中，如何运用专利制度规则获得自主知识产权，占据市场有利地位，已成为提高企业竞争力的关键。专利服务高度依赖专业性知识，专业化程度较高，需要充分利用和发挥专业中介机构的作用，最终体现在专利服务工作者的执行上。只有建立起与专利制度相配套的专利服务体系，拥有一批高素质、高水平的专利服务人才，才能较好地执行专利制度，实施国家知识产权战略，在全球化的竞争中赢得主动。

（3）为其他产业发展创造价值，助推产业发展

专利服务业可以为国民经济中各产业的技术研发提供信息咨询、专利代理、专利商业化等服务，加快了各产业发展速度。专利信息包含着技术、

法律经济等信息，具有新颖性、全面性、系统性和便捷性。据统计，全世界发布的专利文献总数已超过3000多万件，并以每年100多万件的速度增长。另据世界知识产权组织的统计，世界上每年发明成果的90%～95%都能在专利文献中找到，借助于专利文献提供的技术和法律信息，可以缩短科研时间40%，节省科研经费60%。通过专利服务体系，国民经济各个行业就能更好地利用已有的专利资源，技术研发水平就会有大幅度的提高，并大大降低巨额的研发成本。另外，专利服务业还可以为专利产业化提供有效帮助，对已有的专利成果产业化起到巨大的推动作用。因此，提高我国专利服务业的能力，可以提高专利资源利用效率，加快我国专利的产业化进程，形成现实生产力，节省研发经费，减少专利资源浪费。

（4）发展专利服务业是提高国际竞争力的必要前提

随着国际竞争的加剧和知识经济的兴起，知识产权在国际科技、经济、贸易中的地位不断提升，成为决定一个国家或地区经济发展的关键因素之一，成为增强国际竞争力、维护国家利益和经济安全的重要武器。随着我国对外贸易规模不断增长，企业遭遇的知识产权纠纷日益激烈，尤其是应对美国337调查等方面的纠纷，我国因知识产权纠纷引发的经济赔偿数额巨大。在企业进军海外市场前，需对有关产品的专利信息进行必要检索和分析，了解竞争对手的专利布局和国际专利市场动态，从而确保引进技术的质量和己方的利益，在提高专利优势和扩大市场份额的同时，应对侵权和纠纷，提高国际市场竞争力，保障对外贸易健康发展。完善的专利服务业可以帮助我国企业规避风险，减少不必要的损失。随着我国对外贸易的发展，未来对专利服务的需求将大幅提升。

（5）对于促进科技型中小型企业创新具有重要意义

科技型中小企业在创新中发挥着非常重要的作用。作为创新型企业，专利管理对于科技型中小企业至关重要。但专利管理要求高，需专业人才，投入大。而科技型中小企业实力尚小，一般不具备能力建立自己的专利管理部门。专利服务机构可以为其提供相应服务，从而帮助科技型中小企业解决遇到的专利问题，促进其创新。

（6）发展专利服务业是经济发展的必然趋势

随着经济不断发展，由于专业化分工等原因，服务业比重不断提高，生产性服务业增长速度加快。目前我国已经进入工业化中后期阶段，未来经济持续快速发展的动力，将更加依赖于服务业的改革和发展。专利服务业属于生产性服务业。培育和发展专利服务业，促进其规模持续增长，服务水平不断提高，将加速我国服务业的整体发展，加快经济结构的调整和优化。

二、有关国家专利代理制度发展的经验和启示

专利制度是市场经济的产物，美国、欧洲、日本、韩国等发达市场经济国家和地区专利制度建立较早，专利代理服务业发展成熟，其促进专利代理服务业的做法和经验对我国具有重要借鉴意义。

1. 专利代理执业资格获取一般需通过资格考试、培训实习和注册登记三道程序

德国、英国、韩国等国家要求必须通过专利代理资格考试并注册登记才能获得专利代理执业资格，美国、法国和日本等国家具有较长时间专利审查或执业实践经验者可免除资格考试。专利资格考试大都要求具有理工科大学背景，但存在放松学科限制的趋势，英国、日本、韩国、德国、法国、欧洲均要求有一定年限的专利代理业务教育培训和实习才能进行专利代理律师资格考试，英国、日本、韩国则要求通过资格考试后参加一定年限的实习才能登记注册获得执业资格。

在美国，具有科技素养和本科学位者经过专利代理人资格考试并在专利商标局登记注册后可获得执业资格，从事专利审查工作4年以上可免除资格考试。在美国，从事专利代理工作的人分为专利代理人和专利

律师两种①。专利代理人是通过美国专利商标局的专利代理人资格考试，向美国专利商标局提出申请并获得注册登记，从事专利代理事务的个人。专利律师除满足专利代理人条件外，还需通过普通律师执业资格考试，在美国联邦法院或任何州的最高法院从业的律师。专利代理人资格考试的报考者必须证明自己具有专利代理服务所需要的科学和技术素质，应有本科学历，没有要求报考者具有工作经验。如果申请人曾担任美国专利商标局专利审查或商标审查的工作达 4 年以上，则享有资格考试豁免权。美国专利代理资格考试有两种形式，分别是美国专利商标局组织的一年一次的纸面考试以及 Prometric 公司组织的商业考试。商业考试在计算机上进行，该考试的题目依然由美国专利商标局提供，要收取一定的管理费。报考者可以选择参加任意一种考试。专利律师和专利代理人都必须在美国专利商标局进行注册才可以执业，申请人通过代理人资格考试并证明自己具有良好品行即可获得注册。美国专利商标局设立专利代理人和专利律师登记簿，记载所有能够在专利商标局从事专利代理业务的个人的名单。专利商标局对经注册的专利代理人或专利律师没有额外的实习要求，一经登记，专利代理人或专利律师就可以代理客户在美国专利商标局执业。

欧洲专利代理人②在考前要求具有理工科大学背景并参加一定年限的专利代理实习，通过专利代理人资格考试后登记注册获得执业资格。欧洲专利代理人是由欧洲专利公约规定的一种执业资格，是指通过欧洲专利代理人资格考试，有权在欧洲专利局代理专利事务的执业代理人。欧洲专利代理人必须是欧洲专利公约缔约国的公民，在欧洲专利公约缔约国拥有自己的经营场所或者供职单位。通过资格考试后，须按照欧洲专利局的规定形

---

① 1938 年以前，美国专利商标局并不区分专利代理人和专利律师。无论专利代理人是否为律师，均称作专利律师（patent attorney）。1938 年以后，美国专利商标局开始将专利代理的执业人员分为专利代理人（patent agent）和专利律师（patent attorney）两种。依据美国专利商标局的统计数据，截至 2010 年 10 月 18 日，在美国专利商标局登记的专利代理人共有 10083 人，专利律师共有 30574 人。

② 欧洲专利代理人又称欧洲专利代理律师。

式提交相应文件资料进行注册登记，成为欧洲专利局专利代理人协会的会员，其行为符合协会行为规范的要求，才能执业。欧洲专利局负责欧洲专利代理人的执业资格考试，并为此制定了《欧洲自由执业代理资格考试条例》。欧洲专利代理人资格考试的考试资格包括两个方面，一是理工科大学背景要求，二是实际从事专利代理相关工作的经验累积。在没有学历背景的情况下，专利代理相关工作的时限要求从 3 年上升到 10 年。并且，专利代理工作经验应该在清单上的专利代理人的指导和监督下进行，这就使得欧洲专利代理人资格考试本身与专利代理职业生涯紧密联系在一起，通过该考试之后可以独立地从事专利代理业务。

德国要求所有专利代理人一律要通过专利代理人考试才能获得资格证，考生需具备大学理工科背景并接受一定年限的教育培训和实习，通过资格考试后经专利律师协会登记注册获得执业资格证方可执业。在德国，从事专利代理事务的人员统称为专利律师①，所有专利代理人一律要通过专利代理人考试才能获得资格证，不存在非考试途径取得资格证的可能性。德国专利代理人考试由专利商标局考试委员会组织②。专利代理人考试的资格要求如下：首先，考试者必须具备大学理工科背景且通过结业考试，并在相关领域进行至少一年的实践工作。其次，考试申请者在取得上述技术类资质后，必须在知识产权领域接受至少 34 个月的教育培训，包括应至少有 26 个月师从专利代理人或者公司专利部门的专利代理人接受培训，以及在专利商标局和专利法院进行分别为期 2 个月、6 个月的实习，熟悉专利申请事务的审查过程以及法院关于专利案件的审理程序。在知识产权法领域有 10 年以上工作经验者可以免除此项培训要求。此外，考试者还必须在大学学

---

① 一般而言，受雇于专利代理事务所、公司等单位的专利代理人被称作专利代理律师；没有受雇于任何单位自由执业的被称为自由专利律师；既受雇于某单位同时又以自由专利律师的身份为第三人提供服务的则称为专利律师。

② 考试委员会由专利法院的法官、专利律师协会理事会成员或其代表、专利商标局官员和上述有资格对考试申请者进行培训的专利律师组成，其中来自专利律师协会的考试委员会成员由联邦司法局任命。

习专门为专利代理人考试者设置的课程并通过结业考试。通过专利代理人考试后，要正式执业，代理人还必须获得执业资格证。德国公民申请获得专利代理执业证必须具备以下条件：①通过专利代理人资格考试并取得证书；②没有《专利代理人条例》第14条规定的不予授予执业资格的情形；③已经与受雇单位建立合同关系或者有自由执业声明；④保险额为250000欧元的执业保险；⑤获得相关学位学历。向专利商标局提出申请执业资格后，会获得由专利代理人协会出具的执照，同时该专利代理人也成为专利代理人协会的成员，并登记注册在专利代理人协会的专利代理人名单上。

英国要求取得专利代理人执业资格必须报考执业资格考试，资格考试报考不要求实际工作经验，但通过资格考试后需经2~4年实习后方可在特许专利律师协会登记注册获得执业资格。在英国，专利代理从业人员包括专门从事专利代理业务的专利代理人①与具备专利代理能力的初级律师。成为英国专利律师必须满足以下要求：①有自然科学或工程学位（近年开始放松理工科专业背景限制，但考生需掌握一定理工科知识才能顺利答题）；②必须通过专利代理人资格考试；③必须良好地完成不少于两年的知识产权领域的全职实习，包括实质的专利代理业务。并且，实习需要受到如下人员的监督：注册专利律师，具有实质的专利代理经验的大律师、初级律师。如果没有这些人员的监督，则必须良好地完成四年的实习。英国专利代理人资格考试委员会由特许专利律师协会（2006年，由特许专利代理人协会更名为特许专利律师协会）和商标协会共同组成，考试和出题由两协会分别负责。专利局作为合作机构，帮助协会监考，选择考场等。报考专利代理人资格考试并不要求实际的工作经验，大学生取得学位毕业证书之后可以直接报考。考试后，协会将考试结果通知英国专利局。最终，由特许专利律师协会认定是否可以成为专利代理人。专利代理人资格考试分为基础测试和高级测试2个阶段。在基础测试中，受过相关科目教育和培训的

---

① 2006年，英国专利代理人更名为专利律师。

人可以免去一些或全部科目的测试，但高级测试并没有规定任何的豁免，因此并不存在非考试途径获取资格证的可能性。第一个专利代理人于1889年登记注册，从那时起，专利代理人特许协会就一直管理注册登记工作。

在法国，具有相关学历及 3 年以上职业实践经历者可通过专利代理资格考试和注册获得执业资格，另具有相关学历和 8 年以上执业实践经验者也可被授予执业资格。法国专利代理人和商标代理人通称工业产权顾问，工业产权顾问资格的取得方式包括考试和考核。考试取得工业产权顾问资格的条件包括：①拥有科学、文化或职业性质的公立机构颁发的第二阶段（本科）的国家法律、科学或技术文凭，或者同等学力文凭；②拥有斯特拉斯堡大学国际知识产权研究中心颁发的文凭，或者同等学力文凭；③至少 3 年的职业实践经历；④通过资格考试。报名参加工业产权顾问资格考试的人应具备前三个条件，并且品德良好。法国工业产权局负责专利代理人的资格考试，公布专利代理人注册名单。另外，满足一般条件中的两项学历条件、拥有至少 8 年的与工业产权相关的执业实践经验的人员等也可以被授予工业产权顾问资格。法国工业产权局掌握两种名单，一个是考试合格者名单，考试合格后进入这个名单的，可成为企业内部的知识产权工作者，但不能代表第三方提交专利申请，不能代表第三方的利益；另一个是自由执业的专利代理人名单，进入该名单，就自动成为协会会员。法国工业产权局公布这个名单前，要征求法国知识产权律师协会的意见。进入第二个名单的专利代理人需提交财政担保和执业保险证明。

在日本，通过专利代理人资格考试或者在专利局作为审查员或复审员工作 7 年以上的人员，完成实务修习后，在日本专利代理人协会注册登记后方可执业。在日本，依法有权进行专利代理事务的人有两类：一类是专利代理人（在日本称为辩理士），另一类则是律师。根据《律师法》，律师即使未在专利代理人协会登记注册，也有权从事专利代理业务。《专利代理人法》规定，符合下述任一条件者，在完成规定的实务修习后，即拥有专利代理人注册资格：参加专利代理人考试并合格者；拥有律师资格者；在专利局担任审查员或作为审查员从事审判与审查事务，合计达 7 年以上者。取得专利代理人注册资格后，需在日本专利代理人协会的专利代理人注册簿上注册登记后，才正式成为专利代理人。2001 年前，参加专利代理人考试的应试者需要拥有大学以上学历，或经审议会认可之同等学力，未达到此条件者需要先行接受预备考试方可参加正式考试。现行日本专利代理人考试对应试者的学历、年龄、国籍等应试资格均无要求。专利代理人考试由日本专利局组织，由工业产权审议会①执行。2007 年《专利代理人法》修订后，完成实务修习成为专利代理人注册的必要条件之一。在修完规定课程后，由经济产业大臣颁发结业证书。至此，一个人才算获得了专利代理人资格，可以注册成为专利代理人。注册后的专利代理人自动成为专利代理人协会会员，并由专利代理人协会向其颁发专利代理人徽章和注册证书。专利代理人获得注册的一个必要条件是要拥有固定工作，但专利代理人并不一定要在专利代理机构或专利代理事务所执业，对专利代理人执业场所也没有强制性的规定。

韩国法律对专利代理人考试者是否有理工科背景和工作经验没有要求，通过资格考试后需经过 1 年实习才能注册获得执业证，目前具有工作经验者也需参加资格考试才能获得专利代理人资格。在韩国取得专利代理人的资格有两种渠道：通过专利代理人考试人员；根据韩国《律师法》具备律师资格，注册为专利代理人的人员。按照韩国《专利代理人法》规定，具备律师资格并注册专利代理人的律师也可以取得专利代理人资格。专利代理人考试由专利局组织实施。1961 年至 2000 年，专利局的审查、审判业务工作者（1973 年，工作经验的要求从"3 年以上"被修改为"总计 5 年以上"）自动被赋予专利代理人资格，而无须参加专利代理人考试。2001 年，

---

① 根据日本《国家行政组织法》第八条之规定：国家行政机关在法定职权范围内，可以依照法律法规的规定，选拔具有充分学识经验的人，组建能够妥善处理对重要事项的调查审议及复审等事务的合议制机构。工业产权审议会便是依照这一规定所设立的审议会，受日本专利局管辖。工业产权审议会的职权包括：审核专利局对不实施专利做出的强制许可裁定，以及包括对专利代理人的审核（考试及惩戒等）事务。

韩国修正了《专利代理人法》，专利代理人自动赋予资格的制度被废止。但是，专利工作经验者有免除一些考试的特惠。具备专利代理人资格的人员要经过1年以上的专利代理人实习过程，在专利局注册之后，才能够执业。具备律师资格并注册专利代理人的人可以免除该强制培训。

2. 专利代理人的执业范围主要分为三类，包括只能代理专利申请授权等普通业务，可代理专利无效等专利法院的诉讼业务，以及通过参加法律学习培训和考试可获取代理专利侵权等普通法院的诉讼资格

（1）专利代理人只能代理专利申请授权等普通业务，不能代理专利诉讼等法律业务，只有律师或获得律师资格的专利代理人才能代理专利诉讼业务，如美国、法国

在美国，专利代理人主要提供专利法律咨询、申请、审查授权手续等业务，可以为专利诉讼案件进行准备工作，但专利诉讼工作只能由专利律师代理。美国的专利代理人主要是向委托人提供与专利有关的法律咨询，为委托人撰写专利申请文件、代理委托人向美国专利商标局办理专利审查和授权方面的所有手续。但是，在美国专利商标局注册的执业者，只是获得在专利商标局（含专利复审程序）中执业的资格，该注册本身并不使得执业者具备在司法程序中执业的资格。因此，如果执业者不同时具备相应的律师资格，则不得代理专利侵权诉讼案件，也不得从事非诉讼的一般法律咨询服务（如专利许可与转让）等地方法院认为是实践法律的服务。比如，如果某个州的法律认为撰写合同是在法律执业，那么专利代理人就不能在那个州代理客户撰写与专利有关的合同，包括专利转让合同以及专利授权合同等。专利律师可以在专利侵权、专利效力及所有的专利诉讼案件中为客户提供服务，具有在其所在州的法庭上代理当事人参与诉讼的资格。因此，与专利律师相比，专利代理人从业范围相对狭窄，但专利代理人通常具有比专利律师更为专业的理工科背景和工作经验，在专利申请等一般事务

上，能够提供比专利律师质量更高的服务，并且，专利代理人的聘请费用相对于专利律师的费用要低得多。

　　法国的专利代理人主要提供专利申请、咨询和检索业务，不能代理诉讼和调解业务。法国专利代理人的执业范围包括代理向工业产权局进行申请陈述，起草申请文件，以及受理有关知识产权的咨询业务。专利代理人经常做一些检索工作，使得申请人可以在检索结果的基础上自愿修正其权利主张，从而增进其待申请专利的新颖性和创造性。专利代理人没有出庭资格，不能开展诉讼代理业务，包括调解业务。只有普通律师可作为知识产权侵权诉讼的代理人。在实际诉讼中，专利代理人作为律师的助理，与律师合作处理专利诉讼业务。

　　（2）专利代理人可以代理专利无效等专利法院的法律事务，不能代理专利侵权诉讼等普通法院的专利诉讼业务，如韩国、德国

　　韩国专利代理人可以代理专利法院的法律事务，不能代理专利侵权诉讼等其他法院的专利诉讼业务。韩国《专利代理人法》中规定了专利代理机构（个人、法人）的业务，即面向专利局或者专利法院，代理专利、实用新型、外观设计或者商标相关的事项，执行对其相关事项的鉴定和其他事务。但除了专利法院的法律事务以外，专利代理人不能在其他法院代理诉讼业务。根据《专利代理人法》规定，专利代理人在专利无效审判（专利审判院→专利法院→大法院）过程中具备代理权。但是根据《民事诉讼法》规定，专利代理人在专利侵权诉讼（地方法院→高等法院→大法院）过程中其代理权不被认可（专利侵权诉讼被当作一般民事诉讼或者刑事诉讼，在专利法院的管辖范围之外），即专利代理人在行政诉讼中有代理权，但是在民事或者刑事诉讼中没有代理权。专利代理人可以鉴定专利侵权与否，鉴定书只作为判断专利侵权与否的参考资料，最终判决由法院执行。

　　德国专利代理人业务相对较宽，可以代理专利及其他工业产权申请、咨询、转让许可等业务，以及专利法院的专利无效、撤销、强制许可等诉讼，在专利侵权等其他专利诉讼中无代理资格。德国专利代理的业务范围

主要包括：①所有涉及专利的申请、维持、撤销等各项事务；②涉及工业产权领域的商标、实用新型、外观设计、计算机软件、植物新品种等知识产权保护问题；③对属于专利法院和专利商标局管辖范围内的事务，专利代理人可以在专利商标局和专利法院进行代理；④对于专利的无效、撤销、补充保护和强制许可的诉讼程序，专利代理人在联邦专利法院①有代理诉讼的资格。德国专利代理人在涉及工业产权领域内的各项事务基本上都能够提供相关咨询。德国《专利代理人条例》关于专利代理人业务范围的规定中并没有涉及专利代理人从事专利转让、许可等方面的法律业务，也没有规定专利代理人可以出具专利权效力评估的法律意见书。但是专利代理人协会的章程表明，实践中专利代理人从事专利转让、许可等方面的法律业务是被允许的。德国的专利法院对一般的专利侵权案件没有管辖权，但是一旦专利侵权案件（普通法院管辖）中涉及专利无效宣告的就必须转至专利法院进行审理，即所有涉及专利无效的司法程序都归专利法院管辖。因此专利代理人在专利无效程序中有诉讼代理资格。

（3）专利代理人经过法律学习培训和考试获得专利诉讼代理资格后可以代理包括专利侵权诉讼在内的专利诉讼业务，如英国、日本

在英国，专利代理人参加诉讼培训并获得资格认证后取得专利诉讼律师资格，可以独立出庭参加专利侵权案件诉讼。1990 年，英国允许专利代理人在郡专利法院②审理的与专利、设计相关的特殊诉讼程序中为委托人出庭辩护，但当时所允许的诉讼范围非常狭窄，并不允许专利代理人在郡专利法院以普通诉讼程序审理的专利诉讼中出庭，也不允许在高等法院出庭。1999 年，英国皇家发布特许令，准许特许专利律师协会授予专利诉讼律师资格的权利，专利诉讼律师可以与出庭律师享有同等的权利，既可以处理专利撤销、驳回案件，也可以处理专利异议、无效和侵权案件。英国是欧

---

① 德国专利法院的管辖范围是：关于专利无效的一审案件；对于专利商标局做出的决定不服的上诉案件；专利的强制许可。

② 郡法院专门审理诉讼额不超过 3000 英镑的民事案件。

盟成员，也是欧洲专利公约成员国，因此英国的专利诉讼律师还可以参加欧洲知识产权诉讼（但专利诉讼律师与知识产权刑事诉讼无关，政府有一个皇家检察院专门负责刑事诉讼）。成为专利诉讼律师有 4 个条件：①必须是专利或商标代理人，记载在登记簿上；②在登记簿上必须 3 年；③必须书面同意遵守专利或商标律师协会的行为准则；④通过协会认可的大学或学院的诉讼培训课程（如英国女王玛丽知识产权学院的课程学习），并在专利诉讼律师手下有 6 个月的实际工作经验。

日本于 2003 年修订《专利代理人法》，专利代理人可以代理专利行政诉讼业务，经过培训考试和登记注册后可以进一步代理专利侵权诉讼。日本专利代理人的法定业务范围主要包括与专利局之间进行专利、实用新型、外观设计以及商标各项手续的代理；或对经济产业大臣提出对专利、实用新型、外观设计及商标有关裁定的复审申请与裁定的代理；或对上述手续有关事项进行鉴定等；与知识产权有关的关税、合同、庭外争端解决的代理。2003 年以前，日本专利代理人不能出庭代理专利诉讼。2003 年日本修改了《专利代理人法》，对于行政诉讼，专利代理人可以成为诉讼代理人；对于专利侵权诉讼，经过特定侵权诉讼知识培训和考试[①]并在日本专利代理人协会获得登记注册的专利代理人可以作为诉讼代理人与律师一起出庭，也可以在法院同意的情况下单独出庭。此外，根据新的《专利代理人法》规定，专利代理人还有权单独代理当事人在东京高等法院对专利局长官提起行政诉讼，请求对撤销专利的决定、驳回专利异议申诉书的决定等进行

---

　　① 特定损害赔偿诉讼是指专利、实用新型、外观设计、商标与半导体电路设计方面的损害赔偿诉讼，以及由特定不正当竞争（指根据日本《反不正当竞争法》规定的，与商业秘密、商标或知识产权及商业秘密的虚假事实相关的不正当竞争行为）导致经营利益损害的赔偿诉讼。申请参加诉讼代理考试的专利代理人，需要先完成由经济产业省制定的研修课程（研修课程的内容为：特定损害赔偿诉讼的法令与实务；特定损害赔偿诉讼的手续；特定损害赔偿诉讼需要的书面文件；诉讼代理人的伦理；其他与特定损害赔偿诉讼有关的事项）。该名专利代理人在修完 45 小时的课程后，可以申请参加考试；在通过论文笔试（包括日本民法、民事诉讼法以及其他与特定损害赔偿诉讼有关法令及实务的内容）后，由审议会会长颁发合格证书。合格者获得上述特定损害赔偿诉讼代理的执业资格。

司法审查。在民事诉讼中，专利代理人可以与其当事人出席法庭审理，就涉及发明、实用新型、外观设计、商标及相关的国际申请、集成电路布图设计和反不正当竞争法的相关事项做出陈述或询问。根据《关税法》的相关规定，专利代理人可以参与海关阻止侵权物品进口的某些法律程序。可以在涉及知识产权（著作权除外）纠纷的和解、调解或仲裁程序中代理当事人解决纠纷，这种程序通常出现在日本知识产权仲裁中心和日本商事仲裁协会。

3. 专利代理执业模式包括个人、合伙以及公司法人等形式，大多数国家主要限制非专利代理人或律师加入专利代理机构或持股，对代理机构资本金没有特别要求

美国所有州都允许专利代理人个人执业和合伙执业，部分州不允许法人形式，除限制非执业者加入外，对专利代理机构规模、人员没有特别规定。现在多数原来的合伙制事务所都改成了有限责任合伙、有限责任公司、专业服务公司等。这些机构的设立，遵守各州关于合伙、有限责任公司等机构设立的一般性规定。美国专利商标局在职业道德规则中明确指出，执业者不得与非执业者成立任何从事专利、商标或其他法律业务的合伙组织，以防止那些不具备执业资格的人通过合伙或公司形式变相地从事专利代理业务或分享专利代理业务收入。美国对于专利代理机构或专利律师事务所的规模、人员配置等没有特别的规定，对合伙人的工作经历也没有限制。近年来的发展趋势则是越来越多的州开始允许律师或具有律师资格者、具有会计师等资格的律师共同经营综合法律事务所，以应对日益复杂的委托业务和诉讼代理。美国专利商标局只审查专利代理人或专利律师个人的主体资格条件，并不要求其隶属于某个代理机构或者律师事务所。也就是说，任何人，包括在企业工作的员工、在律师事务所工作的员工，甚至学生或者无业人员，只要符合美国专利商标局规定的相关条件都可以申请成为专利代理人或者专利律师。在特殊情况下，专利商标局与纪律办公室主任可以许可具有良好品行的个人作为专利代理人或专利律师从事一个或数个特定专利申请的

代理工作。超出特定的专利申请的范围，该个人不得从事代理业务。

德国允许专利代理人个人开业、合伙执业和设立有限责任公司的形式，在一定条件下也可以设立分支机构，专利代理机构成员必须是与专利代理业务有特定联系的职业人，代理公司需参加执业责任保险。德国专利代理人必须在事务所执业，但可以是一人设立事务所执业，专利代理人除在专利代理机构执业外，还可以在公司或者其他机构从事专利代理业务。《专利代理人条例》规定，专利代理人必须在该法适用的范围内设立和经营事务所，即最基本的个人执业义务。如果专利代理人在取得执业资格证后3个月内没有设立事务所开始执业，该执业资格可以被撤销。以合伙执业和有限责任公司形式存在的专利代理机构，公司的股东或者合伙人必须是专利代理人或者专利代理人协会成员、律师、公证人或者其他与专利代理业务有特定联系的职业人。专利代理人必须占公司领导成员的大多数，并持有大多数的股份。公司必须有自己的营业场所，并有至少一名具有领导资格的执业专利代理人。此外，公司的设立还必须出具最低额为2500000欧元的执业责任保险或者临时证明，并保证不存在财产危机。对于专利代理机构资产要求，《专利代理人条例》并没有特殊规定，在德国普通有限责任公司的最低注册资本为2.5万欧元，股份有限公司的最低注册资本为5万欧元。以有限责任公司形式进行执业的专利事务所向专利局进行申请活动的只能是专利代理人个人。作为有限公司，必须在区裁判所登记，并且应向专利代理人协会咨询，还应取得专利局长官的认可。

英国专利局允许专利代理机构以公司法人、合伙、有限责任合伙①、一人事务所等多种形式执业，机构主要人员须为专利代理人或律师，或由其持股。一位专利代理人可受雇于合伙或者有限责任合伙专利代理事务所，也可以注册成立一人事务所，也可以在公司内部从事专利代理工作。对于合伙，要求：①至少有一名合伙人是注册专利代理人或者是已经在专利代

---

① 依据英国《有限责任合伙法》，有限责任合伙是一个独立于组成合伙人的法人，它以自己的名义取得、持有资产，对外订立合同，承担法律责任。合伙人对合伙债务不承担个人责任。

理人登记处登记的机构；②至少有75%的合伙人是已经在专利代理人登记处或者商标律师处登记过的机构，或者符合如下条件的个人：注册专利代理人、注册商标律师、英格兰或威尔士的律师、注册的欧盟律师、注册的外国律师。对于律所或者公司，则要求：①至少有一名经理人是注册专利代理人；②75%的经理人，以及律所或公司的至少75%的股份是由已经在专利代理人登记处或者商标律师登记处登记过的机构持有，或者符合以下条件的个人持有：注册专利代理人、注册商标律师、英格兰以及威尔士律师、注册欧洲律师、注册外国律师。知识产权管理委员会并没有对于专利代理机构财产的特殊要求。

法国允许专利代理机构以个人、团体、公司法人、社团法人等形式执业，工业产权顾问也可以加入其他公司或以另一个工业产权顾问的雇员的身份执业。在法国被认可的经营模式主要有以下几种：一是不具有法人资格，主要包括个人经营、公益团体、公益职业团体、协同组合；二是具有法人资格，包括根据知识产权法第422条第3款规定设立的公司法人及第422条第7款规定设立的社团法人、自由职业民事公司（可以是有限公司也可以是股份公司）、商法上的公司（可以是有限公司也可以是股份公司）、经营利益共同体。如果以公司名义执业，则应由所有合伙人集体申请将公司登记于工业产权顾问名单的特别部分。一个知识产权代理人可以受雇于一个公司或其他普通律师机构或其他知识产权代理人，从事相应的执业活动。知识产权代理人还可以与其他类似职业共同投资设立公共服务机构、经济合作机构和欧盟经济合作组织。但知识产权代理人不能与普通律师共同开办事务所联合执业。任何受雇于一专利事务所的普通律师不能使用普通律师的称谓，也不能作为普通律师出庭代理案件。

日本专利代理机构有两种，一种是个人或合伙制的称为事务所，另一种是公司体制的称为专利业务法人，社员必须是专利代理人，最低2人，没有最低资本金要求。专利代理人可以隶属于某个机构（包括公司、法律/专利事务所，甚至是非营利组织等），也可以自行成立专利事务所开展业务。

专利事务所中，大约3/4是一人设立的事务所，而十人以上的专利事务所只有1%。专门在公司企业供职的专利代理人不多，大概只占总数的10%。专利事务所分两种：专利代理人作为个人事业主①，独自一人进行经营而不享有法人资格的"个人专利事务所"；或者是满足法定条件后获得法人资格的专利代理机构——"专利业务法人"。专利业务法人是依据专门职业法，遵循准则主义，由以组织形式开展业务的专利代理人共同设立的，拥有法人性质的事务所。设立专利业务法人没有最低资本金要求，但"共同"一词代表其有最低人数限制：专利业务法人在其社员仅剩一人，且自该日起六个月内，社员没有达到两人以上的，依法自行解散。而且，专利业务法人的社员也必须是专利代理人。因此专利业务法人至少要有两名专利代理人作为社员方可成立。

在韩国，专利代理人可以设立一人事务所也可以成立法人事务所，法人事务所需5名专利代理人以上，无出资要求，但限制专利代理人与非专利代理人合作开设事务所。事务所的开业，休业或者停业，搬移或者废止时应及时向专利局长申告。专利代理人不能与非专利代理人共同合作开设事务所。不过，国会正在讨论中的《专利代理人法改正案》将专利法人成员的数目从5人增加到7人，同时要求专利法人的出资总额应在五亿韩元以上。

4. 专利代理行业监管主要有政府直接监管、委托协会监管、与协会共同监管三种模式，监管对象包括以专利代理人为主及代理人和代理机构并重两类

（1）政府主管部门通过对专利代理人的职业道德监管来进行行业监管，如美国、韩国

美国专利商标局对专利代理行业监管的重心放在专利代理人和专利律师的个人职业道德上，对其所在的执业机构没有特别限制。美国专利代理

---

① "个人事业主"类似于我国的"个体经营户"，但在具体制度上有不少区别。

的行业管理职能集中在专利商标局，专利商标局有权制定包括专利代理制度和从事专利代理服务的人的资格审查等在内的法律法规，负责注册考试资格审查、注册申请审查、执业人员注册簿的维护、执业人员违反职业道德行为的调查等。专利商标局对已注册的专利代理人和专利律师的信息进行了备份，发明人可在其网站上通过检索查到他们的信息，并根据自己的实际需要来选择合适的专利代理人和专利律师。专利代理人和专利律师违反职业道德，可能会导致专利商标局的行政制裁，但是并不直接导致民事责任。代理人是否需要承担民事责任，则要依据各州关于代理的一般性法律规则。此类法律通常对代理关系的成立、代理权的行使、代理权滥用、代理关系的终止等有非常完善的规定。美国专利商标局注册与纪律办公室负责专利代理人、专利律师和有限执业许可的执业者的注册事宜，并负责执业者职业道德的监督和审查工作。美国专利商标局局长在认定执业者无能、名声败坏、有重大过错或者违反相关职业道德后，可以暂时终止或永久停止该执业者的执业资格。美国专利商标局并不会因为专利代理人个人违反职业道德的行为而处罚代理人的雇主——专利代理机构或律师事务所。由于代理人和事务所之间存在雇佣关系，事务所需要为雇员的违法行为承担雇主责任。在这一点上，专利代理机构与普通的雇主没有太大的差别。雇主在承担责任之后，可以向有过错的雇员追偿。

韩国主要采取专利局对专利代理人实施监督的方式进行行业监管。专利代理人违反《专利代理人法》或者依据此法命令的行为时，专利局长可以根据惩戒委员会的决议进行惩戒。专利代理人惩戒委员会由7名委员组成，其中委员长由专利局副局长担任，委员则由专利局公务员构成。专利代理人必须加入专利代理人协会，专利代理人协会制定会员职业道德相关规定。专利代理人协会受专利局长的监督。

（2）由行业协会对专利代理机构和专利代理人进行监管，如德国、英国

德国《专利代理人条例》第二章对专利代理机构的设立、准入、运营

等做出了详细的规定，专利代理机构在设立之后受专利代理人协会和专利商标局的监督管理①。专利代理人协会发现专利代理机构存在违法或违规行为，可以撤销其资格。德国专利代理人的违法行为按照其情节轻重可以分为行业处分和职业法庭程序处分。当专利代理人的行为情节较轻时，没有必要启动职业法庭程序时，由专利代理人协会的理事会对其进行谴责。若专利代理人的违法行为情节严重，则由检察院依职权向州法院提起控诉，由此专利代理人的违法行为进入司法审理阶段。德国没有规定相关的年检制度。

英国特许专利律师协会与英国商标律师协会共同组建的知识产权管理委员会内部成立了联合纪律惩戒委员会，该委员会由特许专利律师协会和商标律师协会各派三人组成。该委员会制定了《专利律师、商标律师及相关人员行为规范》，负责对专利代理人与商标律师的纪律进行监督，并可以决定对专利代理人或者商标律师施以惩戒。在英国，注册后的专利代理机构，每年都需要在12月31日进行续期，知识产权管理委员会对符合要求并且交纳续期费的专利代理机构进行续期。只有经过注册认证的专利代理机构，才能够以"专利代理人"的名义开展业务，并且收取费用。专利代理机构也与专利代理人一样，受到《专利律师、商标律师及相关人员行为规范》的约束与监管。具体的监管措施由知识产权管理委员会负责实施。知识产权管理委员会的撤销权可以对专利代理机构进行监管，从而使得专利代理机构遵守行为规范。

（3）政府主管部门和行业协会共同对专利代理人和专利代理机构进行监管，如日本

日本并不存在专利代理人年检制度，也没有不间断执业的强制要求。

---

① 《专利代理人条例》第31条规定了专利代理人协会的实质管辖权，即协会负责对该条例以及根据该条例制定的其他法律规章制度的执行。从《专利代理人条例》的整个规定来看，只有在专利代理人考试资格的审查方面规定了专利商标局的部分权力，对于获得专利代理人资格以及成立专利代理机构后的各项管理事务以及诉讼程序，都只提到了协会的职能和权力。

专利业务法人既受到与专利代理人相关法规与日本《公司法》的规制，还受经济产业省的监督，其成立和解散都需向经济产业大臣报告并备案。在专利代理机构出现违法事由（主要是违反禁止承接利益冲突业务的规定和不正当经营）时，经济产业大臣可以对其进行处罚。解散与破产清算的程序则受法院的监督。政府处罚与协会处罚相独立。一名专利代理人受到除了禁业处分以外的政府处罚，并不必然影响其专利代理人协会会员资格，即不会影响其专利代理人身份。而且，协会处罚的标准也与政府处罚有所不同。根据《章程》规定，协会在认为会员的行为伤害到协会的信用时，方可对会员进行处分。

5. 专利代理行业协会在政府监督下维护行业纪律，或以协会自律为主

一类是政府监督行业协会，协会监督会员执行行业纪律，如德国、法国、日本、韩国。这些国家的行业主管部门仍对协会进行监督，引导协会按规章对会员的执业纪律进行规范管理。

德国专利商标局特派专员对行业协会实行国家监督，监督法律和规章的遵守和协会受委托任务的完成情况。德国专利代理人协会成立于1933年，是一个独立于联邦政府的自律性组织，不从属于专利商标局。专利代理人协会的经费主要来自成员缴纳的各项费用，协会的宗旨是保护执业者的利益，维护专利代理人的执业标准，一旦被准许进入专利代理行业执业，每一个德国专利代理人就自动成为协会的会员，自觉遵守行为规范。专利代理人协会的主要职责是：①参与国内和国际法律法规的制定；②负责与联邦政府、司法局、议院、专利商标局、欧洲议会、世界知识产权组织交流意见并促进与国内外专利代理人机构的合作；③组织对专利代理人的教育和培训。德国专利代理人协会依自己的章程进行日常运作与管理。章程的制定和修改必须经过联邦司法局的批准，经过批准的章程可以成为州高等法院的判决依据。

在法国，登记于工业产权顾问名单上的自然人组成全国工业产权顾问协会，该协会是具有法人资格的机构。除他人对协会的捐赠或遗赠及对协会某些开支的承担外，协会的主要收入来自会员年费。会员的基础会费相同。如果增加补充会费，则应考虑有关公司的营业收入。全国工业产权顾问协会面向公权机关代表工业产权顾问，维护他们的职业利益，监督执业纪律规则的遵守。任何从事工业产权顾问职业的自然人或法人，因违反本章规则或其实施文件或因违反诚信、名誉，即使是职业领域外的行为，都会受到警告、批评、临时或彻底除名的纪律措施处分。处罚决定由全国工业产权顾问协会纪律委员会做出。协会与国家工业产权局间的关系体现在四个方面：①全国工业产权顾问协会归口管理于国家工业产权局；②协会建立内部规章，该规章经由司法部长和主管工业产权的部长的联合决定批准后生效；③工业产权资质人员的资格考试评委会成员中有 4 名工业产权顾问委员，由协会主席指定，评委会负责申请人考试和实习经历等条件的审查；④工业产权顾问名单的登记核准和除名程序中，工业产权局局长要征询协会主席的意见。

日本专利代理人协会是依法设立的，全国性的统一且唯一的特殊法人，具有监督专利代理人行为的权利。1922 年，日本专利代理人协会依照《职业专利代理人条例》正式成立。《专利代理人法》强制性规定，从事专利代理人职业必须成为专利代理人协会的会员。日本专利代理人协会的具体职能包括：专利代理人的管理（专利代理人和专利业务法人的注册登记），保持专利代理人的品格与纪律，对会员进行监督，接受投诉，对违反规定的会员给予相应的处罚〔处罚分为警告、停权（2 年以下）、惩戒、退会四种〕，开展继续研修课程，纠纷调解。日本专利代理人协会属于民间法人，与专利局是两个独立的机构。但根据《专利代理人法》，日本专利代理人协会在许多事务上受到经济产业大臣的监督。此外，日本专利代理人协会有向专利局报告某些内部事务的义务。但同时也有建议权：专利代理人协会对与专利代理业务或制度有关的问题，可以向经济产业大臣或专利局长官提出建议，或在咨询中提出意见。

在韩国，专利代理人协会必须是法人，因此除了《韩国专利代理人法》规定的事项以外，还应遵循《民法》中社团法人相关的规定。专利代理人协会得到专利局长的承认后可以设支会或者支部，专利代理人协会的组织和其他相关事项由总统令决定。专利代理人协会的职能主要包括以下三部分：道德规定、公开信息、专利代理人的研修。专利局有监督专利代理人协会的义务，由专利局长负责。

另一类是专利代理人协会组成自律组织，维持行业自律，如英国、美国。政府将管理自由执业者的权利赋予专利代理人协会，由协会促进和规范该行业的发展。由于确定了行业协会的法律地位，协会在建立纪律惩戒和行为规范的处罚方面，具有一定法律依据和效力。当专利代理人发生违规行为时，协会依权可以进行处罚。

英国特许专利律师协会成立于 1882 年，是根据皇家特许令成立的法定的自律协会。英国政府 1888 年制定法律，规定由协会负责专利代理人注册、为专利代理人提供培训和教育、向政府和国际组织提供政策建议等职能。1891 年英国颁布了皇家特许法令，正式承认了协会的法律地位。2006 年，经英国枢密院批准，英国特许专利代理人协会更名为特许专利律师协会。2010 年，英国特许专利律师协会与英国商标律师协会合作，共同组建成立了知识产权管理委员会。该委员会是英国法律服务委员会[①]的组成部分。知识产权管理委员会的主要职责是提供从事专利代理人和商标律师的职业资格教育服务，也为专利代理人、商标律师提供更高水准的专业培训。另外，它实施对专利代理人和商标律师的执业监管，受理委托人对专利代理人、商标律师的投诉，以及实施相关的惩戒。英国特许专利律师协会与专利局之间并不存在直接的隶属关系。

美国专利代理人和专利律师无全国统一的协会组织，美国专利商标局

---

① 法律服务委员会由议会组建，负责监督所有法律服务行业。

和律师协会共同负责职业道德监管。在美国，一些城市有专利执业者自发成立的协会。是否加入这些行业协会，完全是出于执业人员的自愿。美国国家专利执业者协会（National Association of Patent Practitioners，NAPP）是众多协会中比较有代表性的组织之一。协会宣称的宗旨是促进专利执业人员的专业素养，为他们在美国专利商标局的执业提供帮助，主要是组织一些基础的培训和专业论坛。对于大部分专利律师而言，除了美国专利商标局外，美国律师协会和各州律师协会在确立职业道德方面具有重要的作用。各州的律师协会具有行业自律的管理职能，可以对违反职业道德的律师进行惩戒。专利律师自然也会接受各州律师协会的管理。不仅如此，美国专利商标局也会接受各律师协会的处罚决定，对专利律师进行处罚。

6. 专利代理执业保险包括专利代理人和专利代理机构自愿选择加入和政府强制要求购买两种模式

关于专利执业保险，其中一类是专利代理人和专利代理机构自愿选择加入执业保险，政府不作强制要求，如美国、日本和韩国。

美国专利商标局没有强制要求注册的专利代理执业者购买执业不当方面的责任保险。专利律师则需要遵守各州关于执业责任保险的规定，有些州律师协会强制要求购买保险，有些州则不需要。没有强制要求购买保险的州，可能会要求律师向律师协会或客户汇报或披露没有购买保险的事实。美国很多保险公司提供律师或代理人不当执业导致的法律责任的保险，律师事务所通常会给律师购买此类执业责任保险。

日本没有强制加入的专利代理人保险制度。但许多专门职业协会都以团体投保的形式，供从业者自愿加入执业责任保险。"专利代理人职业赔偿责任保险"属于这种制度，是在专利代理人（包括其业务的辅助者）或专利业务法人，因其在日本国内的业务需要承担损害赔偿责任时，由保险公司支付保险金的制度（另有应对国外法院损害赔偿判决的服务）。日本专利代理人协同组合①全资成立了 NB 保险代理公司负责统筹组织，代为选定保险公司进行投保。截至 2010 年，共有 1505 家事务所（包括个人事务所与专利业务法人）加入了保险。

韩国专利代理人可以通过专利代理人协会加入专利代理人赔偿保险，但是韩国《专利代理人法》没有加入此类保险的强制义务。专利代理人协会赔偿保险从 2000 年开始。当前，国会的《专利代理人法改正案》（第 6 条 17 规定）包含要求代理人购买法律责任保险的强制性规定。

另一类是政府强制要求专利代理人和专利代理机构均购买执业保险，如德国、英国、法国。德国要求投保保险额为 250000 欧元的执业保险才能获得专利代理执业证，专利代理机构的设立必须出具最低额为 2500000 欧元的执业责任保险或者临时证明。英国知识产权管理委员会规定，从事私人业务的专利代理人、商标律师及专利和商标的代理机构，必须购买职业赔偿保险。对于专利诉讼律师及其律所，不论在其设立时还是在续期时，投保金额不得低于 1000000 英镑。对于企业内部的专利代理人，则并不强制购买职业赔偿保险。法国工业产权局要求自由执业的专利代理人必须提交财政担保和执业保险才能登记注册。法国法律没有对保险金额做出具体数字要求，每个案子数额也不一样。保险由保险公司根据事务所的大小确定，保费根据营业额确定，金额大约在 10 万 ~ 1000 万欧元之间，没有封顶，但应该有足够的保险额度应对可能发生的情况。

三、我国专利代理制度发展现状及存在问题

1. 专利代理制度发展现状

我国已经形成了包括专利法相关规定、《专利代理条例》和一系列部门

---

① 日本专利代理人协同组合是由专利代理人自发成立的同业互助组织。

规章在内的专利代理法律制度框架体系，目前正在修订《专利代理条例》。有关专利代理的专门立法始于1985年，即当时经国务院批准并由原中国专利局颁布的《专利代理暂行规定》。1991年国务院正式批准并颁布了我国现行的《专利代理条例》，对专利代理机构的设立审批条件和业务范围，专利代理人的资格和执业规范，以及对专利代理违法违规行为的罚则等内容进行了规定。2002年以来，国家知识产权局陆续制定和颁布了《专利代理管理办法》、《专利代理惩戒规则（试行)》、《专利代理人资格考试实施办法》、《专利代理人资格考试考务规则》等部门规章和规范性文件，初步确立了国家、地方两级行政管理和行业自律相结合的管理机制。2001年，国家知识产权局开始准备《专利代理条例》的修订工作，因种种原因中断。2009年再次启动了修订《专利代理条例》的相关工作，并于2010年底形成《专利代理条例（修订草案送审稿)》（以下简称《草案》）。

目前，我国专利代理人需通过专利代理人资格考试，在专利代理机构实习满1年并由专利代理机构聘用方可获得专利代理执业资格。我国专利代理人的执业实行双证制，即必须同时具有专利代理人资格证书和专利代理人执业证书。通过全国统一的专利代理人资格考试的人才能获得专利代理人资格。考试合格后，在专利代理机构中连续实习满1年、由专利代理机构聘用的70周岁以下的中国公民方可以向中华全国专利代理人协会申请领取专利代理执业证书。领取了专利代理执业证书的专利代理人必须加入中华全国专利代理人协会，方可以正式执业。截至2013年12月31日，我国专利代理机构共1002家，专利代理人共8988人。《草案》保留了原取得专利代理执业证有关条件的规定，同时增加了具有高等院校本科以上学历，从事专利审查、专利法律研究工作十年以上，具有高级职称或者同等专业水平的中国公民，可以申请国务院专利行政部门核发专利代理人资格证。

我国专利代理执业范围主要是专利申请授权等普通业务，《草案》规定代理专利诉讼需同时具备律师资格证。《专利代理条例》规定，专利代理机构承办的事务包括：提供专利事务方面的咨询；代写专利申请文件，办理专利申请，请求实质审查或者复审的有关事务；提出异议，请求宣告专利权无效的有关事务；办理专利申请权、专利权的转让以及专利许可的有关事务；接受聘请，委派专利代理人担任专利顾问；办理其他有关事务。如果涉及涉外专利代理，专利代理人还要将外文资料正确翻译成中文，并根据专利法对其进行修改等。《草案》增加了专利代理机构可以代理与专利有关的诉讼，但代理专利诉讼业务的专利代理人还应当具有律师资格凭证或者国家统一司法考试合格证书。

专利代理执业模式包括合伙制和有限责任公司，且合伙人数需 3 人以上，《草案》增加了特殊的普通合伙企业形式。2003 年 7 月公布的《专利代理管理办法》规定，专利代理机构的组织形式为合伙制专利代理机构或者有限责任制专利代理机构。合伙制专利代理机构应当由 3 名以上合伙人共同出资发起，有限责任制专利代理机构应当由 5 名以上股东共同出资发起。设立合伙制专利代理机构的，应当具有不低于 5 万元人民币的资金；设立有限责任制专利代理机构的，应当具有不低于 10 万元人民币的资金。律师事务所申请开办专利代理业务的，在该律师事务所执业的专职律师中应当有 3 名以上具有专利代理人资格。合伙人或者股东应当具有 2 年以上在专利代理机构执业的经历，能够专职从事专利代理业务，年龄不超过 65 周岁。《草案》在现有两种类型的专利代理机构基础上，增加了特殊的普通合伙的专利代理机构。律师事务所开办专利代理业务的，至少有三名合伙人持有专利代理人资格证，且该三名合伙人应当与专利代理机构的合伙人或者股东具备同样的条件。专利代理机构的合伙人或者股东应当符合下列条件：①品行良好；②持有专利代理人资格证；③具有二年以上专利代理人执业经历；④能够专职从事专利代理业务。专利代理机构的法定代表人应当是股东。符合条件的专利代理机构，可以申请设立分支机构。

我国采取国家、地方两级行政管理的管理机制，对专利代理机构和专利代理人同时监管。国家知识产权局负责专利代理机构的日常审批与管理，就其设立、变更、撤销等申请事项做出决定，并对专利代理机构和专利代理人进行年检。自 2003 年《专利代理惩戒规则（试行）》实施以来，国家知识产权局和各省区市知识产权局相继成立了专利代理惩戒委员会。《草案》规定，国务院专利行政部门负责组织省、自治区、直辖市人民政府管理专利工作的部门对专利代理机构和专利代理人进行年检。省、自治区、直辖市人民政府管理专利工作的部门可给予专利代理机构和专利代理人责令限期改正，予以警告、通报批评，停止承办新专利代理业务六个月至十二个月的惩戒。对于情节特别严重的行为，由国务院专利行政部门给予吊销专利代理机构执业许可证或专利代理人资格证的处罚。

我国专利代理行业协会主要协助政府开展行业规范工作，对代理机构和代理人的重要处罚权保留在政府部门，《草案》增加了行业协会的处罚权。中华全国专利代理人协会是依法由我国专利代理人组成的全国性的行业性社会团体，是专利代理人的自律性组织。受国家知识产权局的监督、指导。主要职责包括维护专利代理人的合法权益、制定专利代理人行业规范并监督实施等。会员有违反《专利代理条例》或其他法律法规规定以及违反专利代理人行业规范行为的，由协会分别给予警告、通报批评处分。情节严重的，由协会建议国家知识产权局予以行政处分。《草案》规定，中华全国专利代理人协会是社会团体法人，是专利代理行业的自律性组织。国务院专利行政部门依法对中华全国专利代理人协会进行监督、指导。专利代理人和专利代理机构应当加入中华全国专利代理人协会。中华全国专利代理人协会可撤销专利代理人执业证。

目前《专利代理条例》及《草案》没有关于执业保险的规定。

2. 存在的主要问题

随着经济社会的发展，我国早期制定的《专利代理条例》、《专利代理管理办法》等规章制度存在着很多不适应的地方。《专利代理条例（修订草案送审稿）》进行了大量修改，但仍然存在一些争议。主要有如下问题。

（1）专利代理人资格考试的应试条件有所放宽，但对于免试规定和需依附专利代理机构才能执业有争议

与《专利代理条例》相比，《草案》关于参加专利代理人资格考试的条件取消了"两年以上的科学技术工作或者法律工作"和"掌握一门外语"的要求，使得应试人员的范围有所扩大但整体素质能保持较高水准。

《草案》增加了独特的专利代理执业资格"核发取得"制度。对于品行良好、本科毕业、从事专利审查或专利法律研究工作十年以上，并且具有高等职称或者同等专业水平的中国公民，如果申请专利代理资格，国务院专利行政部门具有"核发"的特权。有行业研究人员认为一是"核发"破坏了资格考试的统一性，二是"核发"条件不严，范围过宽，尤其是对于从事专利法律研究工作人员，不能通过"核发"取得专利代理执业资格证。

另外，取得专利代理资格并在专利代理机构实习一年后，还需为相应的专利代理机构所聘用，才可以取得《专利代理人工作证》，进行专利代理执业。尽管这便利了专利行政部门对于专利代理机构的管理，也便利了专利代理机构对于职工的管理，但不利于专利代理人的市场流动，压抑了专利代理人个人的积极性，事实上使得一些专利研究人员和法律工作者即使取得了专利代理人资格，也不可能进行专利代理执业工作。

（2）专利代理人的执业范围规定较窄，法律地位不高

我国专利代理人不能代理专利诉讼，对于专利代理人能否代理当事人出庭以及与律师如何分工这一问题，理论界和实践中一直存在较大争议。在我国，对于专利代理人是否可以作为专利纠纷的诉讼代理人问题，现行的诉讼法没有明确规定（民事诉讼法第58条规定，律师、当事人的近亲属、有关的社会团体或所在单位推荐的人、经人民法院许可的其他公民，都可以被委托为诉讼代理人；行政诉讼法第29条也有相似的规定）；现行《专利代理条例》没有相关规定。在专利诉讼案件中，我国的专利代理人没有同律师一样的诉讼地位，只能是以律师的技术辅助人员参加诉讼，不能够以律师身份接受委托。《草案》增加了专利代理机构可以代理与专利有关的诉

讼，但代理专利诉讼业务的专利代理人还应当具有律师资格凭证或者国家统一司法考试合格证书。业内认为该要求较高，能同时获得专利代理人执业证和律师资格证的人少之又少，难以满足市场需求。

另外，行业内普遍认为专利代理人法律地位不高，呼吁提升专利代理人的法律地位。目前，上市公司法律审查报告律师签字即被认可，但知识产权审查报告专利代理人却没有这样的待遇。有关人员建议国家修改相关法律条文，赋予专利代理人更大的权限，可以通过提高责任追究力度来约束权力滥用。

（3）执业限制较严格，通过加强执业限制替代监管

一是不允许一人代理机构的设立，且合伙需3人以上。在专利代理机构组织形式上，我国不允许一人代理机构的设立。是否允许个人代理机构执业，与对委托人的权益保障立法目标相关。我国《律师法》第十六条允许设立个人律师事务所，设立人对律师事务所的债务承担无限责任。我国《注册会计师法》未规定可以设立个人会计师事务所。《合伙企业法》规定的合伙人最低可为2人，公司法规定的有限责任公司的股东人数为2~50人。《草案》延续了2003年《专利代理管理办法》的规定，合伙制的代理机构最少应有3名合伙人，有限责任公司形式的代理机构至少应有5名股东。这样规定的目的也是要通过提高人合条件的门槛以便更好地保护委托人的利益。这与《律师法》、《注册会计师法》的要求类似：普通合伙制律师事务所最低应有3名合伙人，而特殊的普通合伙律师事务所最少应有20名律师；合伙制会计师事务所最低2名会计师即可，而有限责任公司制的会计师事务所最少要5名注册会计师。

发达国家和地区允许一人代理事务所执业，对于不同组织形式的专利代理机构并未提出高于通常的合伙人或股东的人数要求。另外，我国《合伙企业法》为保护特殊普通合伙的相对人利益，已经要求特殊的普通合伙企业应当建立执业风险基金、办理职业保险。这比增加合伙人更能保障交易相对人的利益。

　　二是我国对于律师事务所从事专利代理业务也提出了较高的执业限制。《专利代理管理办法》规定："律师事务所申请开办专利代理业务的，在该律师事务所执业的专职律师中应当有 3 名以上具有专利代理人资格。"即要求在律师事务所申请开办专利代理业务的，必须要求有 3 名执业人员既具有专利代理人身份，又具有律师身份。《草案》规定，律师事务所开办专利代理业务的，至少有三名合伙人持有专利代理人资格证，且该三名合伙人应当与专利代理机构的合伙人或者股东具备同样的条件。并未放松此规定，甚至要求更高。

　　三是不允许专利代理人兼职。我国专利代理人需加入专利代理机构才能执业，即不允许专利代理人兼职。导致有相当一部分人通过了专利代理资格考试，但没有执业[①]。尤其是，由于专利代理行业"专职"的规定，导致一些律师不能进入专利代理人行业。即使是持有专利代理资格证的律师，也不能一边在律师事务所工作，一边在专利代理事务所兼职。

　　另外，我国还要求专利代理机构的合伙人或股东需具有二年以上执业经验。发达国家和地区均允许兼职专利代理人的存在，未对专利代理人成为专利代理机构的合伙人或股东规定特别的条件，即任何执业的专利代理人均可以设立或入伙（股）代理机构。

　　（4）专利代理管理机制有待进一步理顺和完善

　　我国对专利代理行业实行国家、地方两级行政管理和行业自律相结合的管理机制，但目前该管理机制还不够完善，其运行还不够顺畅。两级行政管理部门之间、行政部门与行业自律组织之间的配合与协作缺乏必要的程序保障，在某些事务上存在着管理的真空。同时，在管理理念、管理方式、管理手段、管理信息和管理指标体系方面存在着一些问题。对于专利代理机构的行政管理，还一直延续着重审批和程序、轻后期管理的问题。专利代理机构被批准后，虽然每年都有年检，但只停留在材料上，没有起

---

　　① 根据专利局的内部统计数据，从 2002 年到 2010 年，通过专利代理资格考试的总人数是 5732 人，而同时间增长的执业人数是 3256 人，大概只有 57% 左右的人选择专利代理执业。

到实质性的监督作用。

专利代理人的注册、专利代理机构的审批等行政职权由国家知识产权局统一管理，而国家知识产权局与地方专利代理执业主体之间信息不对称，不便全面掌握后者的"违规操作"与"灰色"信息。而地方知识产权局对专利代理机构的监督管理缺乏相应的法律依据，加上行业自律功能发挥不充分，不利于对全国的专利代理机构进行有效监督管理。此外，实务中存在部门分割的弊端，专利事务所、商标事务所、版权事务所等中介机构往往业务混合经营，遇到交叉业务时，不免出现部门权力交叉重叠。然而，地方政府主管部门没有法律赋予的权力，难以实行监督管理。专利代理行业快速健康发展需要行政监管与行业自律相互结合，需要激励奖惩机制与评价信用机制等相互结合，以有利于建立专利代理行业诚信、公平、有序的市场竞争秩序。

（5）行业协会的自律机制不健全，职能未充分发挥

由于我国专利主管部门对行业管理较多，行业协会的功能大大削弱。我国专利代理人行业协会法律地位不突出，不明确，主要受国家知识产权局委托负责颁发、变更以及注销专利代理人执业证等纯事务性的职责。目前，行业协会仅有警告、通报批评处分权，没被赋予有力的执法权，不利于行业的自律性管理。对整个专利代理行业的管理而言，我国专利代理人协会并没有独立的管理职能，必须与知识产权局合作才能发挥作用，导致社会对专利代理人协会的独立性没有足够的认同，造成专利代理人协会自身的权威性不够强，协会的自律作用也没有得到充分的发挥。与发达国家相比，行业协会在维护行业集体利益、规范内部市场秩序、确立行业发展目标、树立行业形象、倡导职业道德、建立执业标准、完善执业培训机制等方面还有许多工作要做。

（6）执业保险制度未建立，抵御执业风险能力差

我国专利代理行业没有规定职业保险和职业风险基金的制度。由于专利代理机构的设置有有限责任、股份制、合伙制三种形式。如专利代理机

构为有限责任公司，就意味着其仅在注册资本范围内承担有限责任，这会存在较大的风险。国外一般通过执业保险制度来解决。我国律师行业和会计师行业均有关于参加执业责任保险的规定，要求事务所建立执业风险基金，执业人员参与执业保险。根据《草案》，我国将增加特殊的普通合伙形式，而我国合伙企业法第59条规定，特殊的普通合伙企业应当建立执业风险基金、办理职业保险。执业风险基金用于偿付合伙人执业活动造成的债务。故有必要考虑在专利代理机构推行适合我国国情的执业保险制度。

四、完善我国专利代理制度的建议

针对目前行业内集中反映的主要问题，借鉴发达国家和地区在专利制度建设方面的做法和经验，建议如下。

1. 放宽专利代理人资格考试的应试学科要求，加大实践能力考查

要在保证专利代理人整体素质的前提下提高专利代理人的数量，放宽专利代理人考试的应试资格，使得专利代理人资格考试的影响面更广可能是一个办法。发达国家和地区对于考试资格的要求宽严不一，但存在放宽应试资格范围的趋势。由于欧盟的资格考试与执业考试合一，其资格要求较严，一般的要求是具有理工科本科毕业背景并且在专利局清单上的专利代理人之监督下完成了全时的至少3年的训练。但没有学位，在专利局清单上的专利代理人的监督下完成了全时的至少10年的训练，或者受雇于住所或者经营场所在欧洲专利公约成员国内的自然人或者法人已经满10年，也仍然有机会参加资格考试。英国专利与商标联合委员会自2009年似乎逐渐放松了理工科大学毕业的要求。日本2001年前，要求参加代理资格考试者需要达到大学或者认定为等同于大学以上的学历，之后对应试人员的学历

不再要求。德国虽然要求考试者必须具备大学理工科背景并通过结业考试，并有相关领域至少一年的实践经历。但是德国理工科背景的要求并不僵化，如果考试者在技术职业学校或者其他被认可的工程技术学校以及职业教育机构取得相关理工科学历，都可以视为理工科背景。即使没有结业，在相关学科的实际工作经历长达15年以上的、获得专利商标局的特许在专利部门和专利法院工作的以及在国外获得被认可的同等学力的，都视为具备理工科的条件。我国的司法考试、注册会计师考试都没有要求应试人员具有法律专业背景或者经济学专业背景，这可以部分说明专业背景并没有那么重要。

我国在未来可考虑在资质要求上再宽松一些，同时考虑增加考试难度，增加资格考试中实际业务能力运用的内容。但应急之策，仍可考虑在近年放开理工科毕业的应试条件，改为只要求大学本科毕业，对于这部分已经在从事，而且愿意从事专利代理行业的人群有正面效果，可能能够部分解决"专利黑代理"的问题。

放宽应试资格，并未放宽行业的执业资格准入门槛。发达国家有关于专利代理人资格考试免试的规定，但主要限于从事专利审查工作或执业实践经验方面。因此，需通过提高参与度，而不是降低准入门槛来增加专利代理行业执业人员。

2. 先赋予专利代理人代理专利无效等部分专利法律事务资格，再过渡到通过法律学习培训和考试获得专利诉讼代理资格的模式

为了解决专利代理人参与专利纠纷诉讼的问题，《草案》提出的解决办法是美国和法国的模式，即只有律师或获得律师资格的专利代理人才能代理专利诉讼业务。这种模式难以解决大部分问题。为了发挥专利代理人懂技术，熟知相关法律的专业特长和作用，提高法院解决专利纠纷的能力和水平，增加一些关于专利代理人参与专利纠纷诉讼的内容是有益的。建议目前先借鉴德国和韩国的模式，专利代理人可以代理专利无效等专利法院

的法律事务，但不能代理专利侵权诉讼等普通法院的专利诉讼业务。将来，全社会的信用体系相对成熟时，社会遵守职业伦理和规则的程度较高时，再过渡到英国和日本的模式，专利代理人经过法律学习培训和考试获得专利诉讼代理资格后可以代理包括专利侵权诉讼在内的专利诉讼业务。

3. 取消必须加入专利代理机构才能取得执业资格证的规定，放宽合理的执业准入

纵观发达国家和地区的做法，且不说允许个人执业，可以设立一人事务所，但专利代理人除在专利代理机构执业外，还可以在公司或者其他机构从事专利代理业务是通行做法，执业资格不与在专利代理机构从业绑定。应当允许一部分通过了专利代理资格考试，同时又具有专利代理工作实践经验的工作人员进行专利代理，例如律师、教学科研人员、甚至一些企业的法务人员是可以考虑允许其从事兼职专利代理。如果允许通过专利代理资格考试并且主要从事知识产权诉讼业务的律师以兼职身份进入专利代理人行业，就可以解决律师进入专利代理行业的问题。律师行业的做法可以为专利代理行业参照。律师行业的发展几乎和专利代理行业同步，也同样经历了脱钩等历史进程。但律师行业允许兼职的存在①，而且多年来在管理上也没有出现重大问题。我们应该放弃严格管制等计划经济体制下的做法，转换政府职能，以创造和维护市场环境为主，人尽其才，才尽其用，充分优化配置资源。

4. 改善政府管理，以规范和监管专利代理人为重点

提高管理能力，从以专利代理机构监管为重点逐步转向以专利代理人

---

① 参阅《律师法》第11、第12条的规定。第11条：公务员不得兼任执业律师。律师担任各级人民代表大会常务委员会组成人员的，任职期间不得从事诉讼代理或者辩护业务。第12条：高等院校、科研机构中从事法学教育、研究工作的人员，符合本法第五条规定条件的，经所在单位同意，依照本法第六条规定的程序，可以申请兼职律师执业。

的规范和监管为主，对专利代理机构的管理为辅。各国对于专利代理行业的监管主要是规范专利代理人，而对专利代理机构并不特殊监管。这需要以个人信用以及社会保障体系足以防范代理服务风险为依托。我国在法治还不健全，职业风险防范制度还没有完全建立的情况下，采取以监管专利代理机构为主的做法，当代理人没有履行其法定义务，或者未完全履行其法定义务，或者履行其义务出现重大失误的情况下，由专利代理机构承担相应的责任。这种计划经济思维的做法使得专利代理人受到代理机构的束缚过多，不利于人才合理流动和发展，也不利于行业的壮大发展。随着我国法治水平提高，社会管理技术的进步，应该着重加强政府管理手段和能力建设，提高政府管理水平，规范行业监管。如加大力度推进专利代理行业诚信信息体系建设，完善行业的诚信信息公示、信用评价和失信惩戒等诚信管理制度，加强专利代理行业的行业自律和诚信建设等。

5. 提高行业协会监督执业纪律遵守的权利，充分发挥行业自律作用

提高专利代理行业协会的监督管理地位，赋予行业协会更多的执法权，有效发挥行业协会执行执业纪律规则遵守的作用。随着行政管理制度的进一步改革，行业组织将在我国发挥越来越重要的作用。需要借鉴国外成功的经验和做法，理顺中华全国专利代理人协会与国家知识产权局的关系，明确专利代理人协会的定位、职能和责任，在给予行业协会更多执法权的同时加强其责任，通过行业协会对代理人进行行业自律性监督管理，有效发挥专利代理人协会的积极作用。

6. 推行执业保险制度，引导专利代理机构和代理人购买执业保险

参照国外关于专利执业保险的做法和经验，其中一类是政府强制要求专利代理人和专利代理机构均购买执业保险，如德国、英国、法国，一类

是专利代理人和专利代理机构自愿选择加入执业保险，政府不作强制要求，如美国、日本和韩国。在自愿选择加入执业保险的国家中，很多保险公司都提供代理人不当执业导致的法律责任的保险，专利代理机构也通常会给专利代理人购买此类执业责任保险。两种模式各有利弊，各国可根据自己的国情选择合适的制度。无论采取哪种模式，这一制度对促进专利代理行业发展发挥了较好的作用。

为了更好地保护委托人的利益，同时防范专利代理机构及代理人的职业风险，有必要推行专利代理行业的执业保险制度。鉴于我国国情和保险制度在我国仍不成熟的现实情况，在实施方式上，可以不做强制规定，而是通过相关优惠政策措施鼓励专利代理人和代理机构购买执业保险。

执笔：戴建军

第六章　医药产业创新发展与专利制度

医药产业是一个多学科先进技术和手段融合的高科技产业群体，同时亦是被高度监管的行业，其发展依赖创新，对创新及监管制度的依存度亦很高。本章分析激励医药创新的主要制度——专利制度与其创新发展需求的配合状况，指出存在的问题，并尝试提出改进方案。

一、医药产业与专利制度

1. 专利制度对医药产业创新发展具有特别重要的意义

医药产业的最大特征在于高度的专利依赖性和专利药品发达国家的高度垄断性。据不完全统计，医药行业的研发投入是所有行业平均水平的 4 倍。美国著名经济学家曼斯菲尔德分析统计数据后表示，若没有专利制度的保护，有 60% 的新药都不会被发明出来，有 65% 不会被利用。医药领域的研发周期长。一种新药的创制，从药物化合物的合成、筛选、药效及毒性试验、动物试验到各种临床试验，直至最终批准上市，中间要经过许多阶段，其时间往往可达 10 年以上。因此，在医药产业领域，新药开发的利润回报主要来源于知识产权制度的垄断保护，其对知识产权保护的依赖性显然高于其他行业[①]。

---

① 张清奎："我国医药知识产权保护的现状及发展趋势"，载于《中国发明与专利》，2004 年第 10 期，第 46 页。

2. 医药产业专利制度的主要内容

由于医药产业对专利的高度依赖，针对医药产业的专利制度也更为丰富，除了一般性的发明专利、适用新型及外观设计等基本专利制度外，还有专利期延长、专利链接、BOLAR 例外等特定适用于医药领域的专利制度，在药品审批管理等政策里也有很多直接关于专利的规定。

（1）专利期延长制度

对于药品这种需要取得相关部门上市许可的特殊产品而言，为了补偿审查期间所造成的有效专利期（从产品上市销售至专利期满）损失，一些国家制定了药品（人用药品）专利期延长制度。所谓药品专利期延长制度，是指符合特定条件的获得某项专利的专利药品在该专利期满后，可以额外获得一段时间的专利期延长制度。目前，建立药品专利期延长制度的国家和地区主要有美国、日本、澳大利亚、欧盟、韩国、以色列和中国台湾等。专利期延长制度有利于医药原始创新比较发达的国家。我国尚不支持这项制度。

（2）BOLAR 例外

BOLAR 例外制度源于 1983 年美国纽约东区法院审理 ROCHE 公司诉 BOLAR 公司专利侵权案件，是指在专利法中对药品专利到期前他人未经专利权人的同意而进口、制造、使用专利药品进行试验，以获取药品管理部门所要求的数据等信息的行为视为不侵犯专利权的例外规定。美国法院随后扩大了 BOLAR 例外的适用范围，将"专利产品"扩大到除药品以外的医疗设备，只要是为了收集 FDA 审批所需数据，无论是否具有商业目的，均属于"合理相关"的范畴。

BOLAR 例外其实是"试验使用例外"的一个具体限定。德国、日本、加拿大、阿根廷、以色列、澳大利亚等国都制定了类似制度。BOLAR 例外是对药品专利权进行特别限制的重要制度，是基于药品的特殊性，为平衡专利权人和使用者利益（社会公共利益）而进行的制度创新，有利于技术跟随方。日本具有世界上最为广泛的 BOLAR 例外制度，适用范围远不止于药品及医疗设备。我国 2008 年修改的专利法明确纳入了 BOLAR 例外制度。

（3）专利链接制度

药品专利链接最早源于美国《药品价格竞争和专利期恢复法》，规定新药申请人在提交新药申请时，需向美国的药品主管部门提交该新药所涉及的专利情况，包括有关产品专利和制造方法专利所有的专利号及到期时间，以便其他人未经许可而制造、使用或销售该药品时，新药申请人能够有理由主张其构成专利侵权。FDA 出版的橘皮书按月更新新药申请提交的权利说明。橘皮书中的权利说明对通用名药品的审批程序起到至关重要的作用。FDA 要求仿制药申请人申报仿制药时要证明仿制药不侵犯已有专利，或者将不在药品专利有效期内上市销售。仿制药申报减免了临床前动物实验和人体临床研究项目，代之以参照新药标准的生物等效性，简化仿制药的审批程序。首次仿制药申报者获得批准的可以得到 180 天的市场独占期。专利链接制度由美国专利商标局和美国食品与药品管理局共同实现。加拿大有专利链接制度，欧洲各国没有。我国虽有类似美国专利链接制度的一些规定，如 2005 年实行的《药品注册管理办法》规定要提交"药品专利状况和不侵权声明"，有"仿制药申请限制""数据独占"和"检测期保护条款"等，但药品主管部门与专利局之间并没有法定的职能协作，也没有具有法律效力的专利信息列表（橘皮书），因而不可能形成事实上的专利链接制度。

专利链接制度建立的本意是保护专利药厂权利的同时加快仿制药上市的速度和效率，通过平衡药品的创新与仿制，避免批准仿制药存在不必要的资金和时间上的浪费。自建立专利链接制度后，仿制药在美国处方药中所占比例从 1984 以前的 19% 上升至 2002 年的 47%。但该制度系统复杂，执行成本高，协调各部门之间的关系使其有效率的运行，存在较大的不确定性。

二、我国医药创新面临的机遇和挑战

1. 全球医药创新新特征为我国医药技术赶超带来机遇

当前世界医药市场呈现出新的特点。首先，化学药的创新处于相对停滞状态。其次，天然药（含中药）市场份额日渐增长。第三，生物药日渐兴起，成为医药创新的突出领域。

化学药占据当前全球医药市场的 90% 以上的份额，也是西方发达国家的传统优势领域。但当前化学药的技术发展出现两大新情况。一是化学药创新全球处于停滞状态。从 1980 年开始，全球化学药研发费用陡增，但新药批准数却开始下降，2000 年后这种趋势越发明显。这意味着外国公司在化学药领域的技术创新进入相对停滞状态。二是一大批基础药物专利即将到期。全球排名前 20 的制药企业将有 35% 的专利在 2009 到 2013 年到期，仿制药市场规模逐渐扩大，全球非专利药市场以每年 10% 到 15% 的速度增长，远高于制药业整体发展速度。发达国家的主销药品失去专利保护，新兴国家市场医药份额将快速提升。中国仿制药技术水平已经达到世界先进水平，从投入产出的效率出发，中国当前应以强化仿制药的质量和速度为重点，从而提升产业竞争力，与印度及美国、日本等国的跨国药企争夺全球范围内的仿制药市场。

由于化学药创新趋缓，全球范围内医药产业技术创新重点转向世界各地的天然药物（包括中药）与生物药领域。全球最大药剂集团葛兰素医药公司已在中国设立专门针对中药的研发团队。被世界认可的中药质量标准仍未出台是中药全面国际化的主要制约，但这并未阻碍中药逐渐成为西方国家进行医药创新的新关注点。中国目前在中药的技术创新及原材料和市场等方面暂时仍具有无可争议的传统优势。

在生物药领域，中国的基础研发和发达国家差距在缩小。全球生物技术药物进入大规模产业化阶段，预计 2020 年生物药将占全部药品销售比重的三分之一。我国也将生物技术药物列为医药产业发展的核心目标之一。我国已成功开发生物技术药物和疫苗 20 多种，并打破了国外生物制品长期垄断我国临床用药的局面，存在点状突破的世界领先的创新。但生物药的制药工艺及原材料落后制约了我国生物药的产业化，在产业化方面我国和国外的差距在扩大。

2. 抓住机遇需要面对几大挑战

虽然医药全球创新的新变化凸显了我国的一些相对优势，比如，我国在化学药领域的仿制技术可以达到国际水平（个别领域存在差距，如口服缓释剂等，与辅料质量有关），符合五到二十年内仿制药市场会逐渐扩大的发展趋势；新兴创新领域（中药和生物药）和国外差距相对较小（与化学药相比），但中国医药产业和国外相比仍有相当差距。国内的高端市场也基本被外资药品控制。在国内的医院高端市场，进口药占三分之一，合资企业药占三分之一，国产药占三分之一。中国整体销售利润的一半以上都归外资企业所有。抓住机遇改变这种不利状况需要面对几大挑战。

一是中国仿制药技术水平虽然可以达到世界先进水平，但企业追求高质量仿制药的动力不足，产品低水平、同质化严重。我国大多数医药生产企业规模小；医药企业数量多，产品重复多，多数集中在低水平仿制阶段，以至于国内仿制药的利润平均只有 5% ~ 10%，而国际上仿制药的利润率平均为 40% ~ 60%。在数量上，某些过热的仿制药品种最终获批生产的厂家数量达到几百家之多，而剂型结构中高水平的新剂型和新制剂比较少。这种以低水平重复为主要内容的仿制状况，一方面源于我国部分中小药企的实际水平，另一方面也是因为现有制度难以激励优质企业提高仿制品质量（下文论述）。专利即将到期的国外药品很多是年销售额超过 5 亿 ~ 10 亿元的药品，历来都是仿制药生产商虎视眈眈的竞争目标，这类产品的升级换代如不尽早开始，就会错失良机。

二是中药虽有传统优势，但国际化步伐缓慢，现代化创新不佳。我国的中成药销量落后于日本等国家，有些年份竟然成为中成药的进口国。目前，我国中药出口以廉价的原料药材为主，中药资源却日益枯竭，外国企业在中药原材料获取方面基本没有太大障碍。日本常用的原材料中80%来自中国。可见，我国中药产业仍处于全球中药生产链的末端，经济效益与日本等国相比差距甚远。

除此之外，近些年来随着各国对天然植物药的重视程度增加，我国的中药知识被国外广泛应用，并对相关成果申请了知识产权保护，从而对我国的中药产业国际化造成了知识产权壁垒。据统计，全球现有170多家公司、40余家研究团体正在从事由植物成分，特别是从中草药中开发新药的工作。近些年来，国际上申请的中药及植物药专利件数迅猛上升①。外国企业不断在我国中药知识的基础上进行二次开发，并积极申请专利保护，对我国中药产品进入外国市场形成知识产权壁垒，从而抢占了中成药国际市场。目前，已有900多种中草药项目被外国公司在海外申请了专利。

三是生物药产业化面临制药工艺落后的瓶颈。我国生物技术经过20多年的发展，总体上已经居于发展中国家的领先地位，局部领域达到世界先进水平，生物技术制药产业已经初具规模。但产业化态势严峻。有关研究显示，我国每年可以取得大约三万项科研成果，真正实现产业化并形成效益的只占其中的5%。造成这种现状的原因主要有：其一，支持生物技术产业化的设备及工艺落后。发酵罐、细胞培养器、各种纯化设备和介质、分析仪器等主要依赖于进口；设备可以购买，但工艺流程却常被封锁。其二，生物技术研发与产业化脱节。一种生物药品的成功开发和上市，必须经历实验室研究与小批量试制的"上游开发"和生产车间大规模生产及市场推广的"下游工程"两个环节，缺一不可，且后者比前者更为重要。但据有关人士估计，在我国医药生物技术产品研究开发的领域中，"上游开发"仅

---

① 蔡仲德、姜廷良："中药领域强化专利保护的探讨"，载《中国药房》，1999年第1期，第1页。

仅比国际水平落后 3～5 年，而"下游工程"却至少相差 15 年以上①。

三、医药产业赶超需要加强专利制度与
医药创新的配合度

1. 缺乏促进仿制药提升质量及加快上市速度的制度激励

中国仿制药技术虽然与国际差距不大，但企业在提升仿制药质量及加快仿制药品上市速度方面动力不足，这与中国未充分考虑如何利用专利制度促进仿制药加快上市速度和提升质量有关。

国外的专利链接制度在保护原创药专利的同时有助于促进仿制药上市速度和效率。药品专利链接（patent linkage）一般是指仿制药上市批准与创新药品专利期满相"链接"，即仿制药注册申请应当考虑先前已上市药品的专利状况，避免可能的专利侵权，并赋予符合质量标准的首仿药一定的市场独占期和定价优惠。专利链接制度一般包括五个方面的内容：一是任何药品上市审批前要审查其是否存在专利侵权；二是仿制药可以在专利药专利到期前利用该专利进行仿制，但上市销售只能在专利药专利到期后才开始；三是仿制药的审批程序更为简便，仿制药申报减免了临床前动物实验和人体临床研究项目，代之以参照新药标准的生物等效性；四是首仿药享有一定期限的市场独占期和定价特权。链接制度一方面强化对原创药的知识产权保护，另一方面简化仿制药审批程序且赋予首仿药一定期限的市场独占期，对于快速仿制有很强的激励作用。

我国没有形成专利链接制度。"仿制药"在我国仅指对已在国内上市且有国家标准的药品的仿制，不包括对在国内没有上市销售药品的仿制。现行政策文件里没有"首仿药"的概念，对"首仿药"没有任何政策倾斜。

---

① 《2008～2010 年中国生物制药行业调研及投资咨询报告》。

对于国外已经上市但国内尚未上市药品的仿制药在中国按新药处理，需要经过漫长的审批及临床试验等程序。此外，虽然 2005 年实行的《药品注册管理办法》规定要提交"药品专利状况和不侵权声明"等，但药品主管部门与专利局之间没有法定的职能协作。现有制度在激励仿制药加快上市速度方面力度显然不足。

2. 专利制度对中药创新特性配合不足

形成中药产品需要原料、配方以及制备和制药工艺，并经政府监督管理程序方得以上市。与发达国家相比，我国在原料及配方领域有传统优势，但逐渐缩小；制备工艺的劣势被拉大，当前总体市场竞争力优势在缩小。这种状态与一些制度缺陷有关。

首先，缺乏有效的知识产权制度保护中药原材料及传统知识。我国现行知识产权制度，除了能够在中药创新专利、中药商标、中药植物新品种等新兴权利方面给予保护外，对于绝大部分的中药知识包括古代医学著作中的中药理论知识、传统古方等以及中药原材料，由于处于公知状态而无法得到切实有效的保护。但是，其他国家借助我国传统的中药知识进行中药创新，获得大量专利保护。这就导致了外国智力创造得到充分法律保护的同时，我国的智力成果并没有受到尊重，因此，需要一种新的制度来平衡这两者之间的利益。

发展中国家因此提出惠益共享制度，基本含义是利用发展中国家的遗传资源或传统知识获得知识产权赢得利润的公司或个人，应当和当地进行利益共享。该制度得到《生物多样性公约》（Convention on Biological Diversity，CBD）的确认。截至 2006 年，有 50 多个国家和地区依据 CBD 确立的原则与框架已经或正在制定惠益共享方面的立法。我国在这方面尚无实质性进展。

其次，现有专利制度不能很好反映中国企业的中药创新，反而有利于强化外国企业在中药领域的竞争力。目前，中药专利标准体系根据化学药体系建立，强调提纯的化合物及明确成分等。中药则讲究"君臣佐使"，相互配合。在制备中药过程中，几十种物质混合在一起，加工处理时这些物质又可能发生复杂的化学反应，含有几百种，甚至上千种化合物，找到有效成分十分困难，而提取一个有效的纯化合物就更难了。这种情况下，很多颇有疗效的中药验方、汤剂等难以得到有效的专利保护。欧美日韩等国则利用自己在现代制药工艺领域的先进性，从中药中得到有效成分，按化学药产品发明专利申请的形式申请中药的产品发明专利，造成外国中药专利数量增加，产业化优势明显。

3. 生物药领域的"可专利范围"条款有改进空间

相比各国相对统一的化学药知识产权保护范围，生物医药的哪些创新可以被纳入专利保护范围（可专利范围）还处在争议之中。例如，基因序列是自然现象，原本属于不被授予专利保护的"科学发现"的范围，但由于其对生物技术产业发展的巨大影响，发达国家，如美国、日本、澳大利亚、加拿大、英国等，突破传统知识产权理论，将之纳入知识产权保护范围，试图圈占更多的基因资源和强化现有技术优势。

这种背景下，各国对于生物医药可专利范围的规定很不相同。一般而言，生物技术越发达的国家对可专利范围规定越广泛，从而为技术后发国家设置尽可能多的追赶障碍。技术后发国家则尽可能地缩小可专利范围，为本国产业最小成本利用外国技术提供制度空间。

美国是在生物医药领域可专利范围最为广泛的国家。其次是日本和澳大利亚，日本排除了人类疾病的治疗方法。加拿大、英国、意大利、瑞士和韩国等国家进一步限制了人体和人体器官不是专利保护的客体。奥地利、捷克和法国等国则因为道德的考虑，对人体器官以及从人体分离得到的其他产品，如细胞系、基因、DNA序列等，禁止授予专利权，因而其生物医药的可专利范围更为狭窄。除道德考虑之外，各国对于"可专利范围"的规定多取决于本国相关技术领先程度以及产业发展状况。

　　印度的有关规定非常精巧，既遵守国际准则，又尽可能地为本国有关产业预留了低成本利用外国技术的制度空间。印度有着世界上最为广泛的"可专利范围的例外条款"，"例外条款"包含的范围不能被授予专利。比如，明确将已知物质的"衍生物"或者新用法排除在可专利范围之外，这种排除避免了跨国公司对其专利药品的"常青"保护①，有利于本土医药企业的发展。又比如对"微生物"给以范围最窄的解释，这也限制了跨国药企在此领域的政策优势，使得印度本土企业有一定的制度空间去低成本利用外国企业的相关技术。印度是世界上唯一一个国内医药市场主要由本土医药企业占据的发展中国家，印度药企不仅在全球仿制药市场具有强大的竞争力，在原创药市场上也已经可以和美、日抗衡。美国专家认为，与国情紧密配合的专利制度是印度能够迅速摆脱 20 世纪 70 年代对跨国药企的依赖，成长为颇具国际竞争力的医药大国的关键因素。

　　我国的有关条款则体现了一贯追随发达国家的特点，其范围略窄于美、日的规定，远比印度等国的保护范围要宽。比如，未排除"衍生物"，"微生物"也采纳比较广泛的定义。事实上，我国医药（包含生物药）产业的国际竞争力远不如印度，国内高端药市场更需要摆脱对跨国药企的依赖，需要制度来抑制跨国药企的优势，为本土企业提供发展空间。很显然，我国的"可专利范围"条款在这些方面有待改进。

四、强化专利制度和医药创新配合度的几个方向

1. 进一步研究如何调整工艺或方法专利促进制药工艺提高

　　综合化学药、中药和生物药的创新状况，可以发现，制药工艺的提升是每种药类创新的共同需求。制药工艺的提升通常会体现为工艺或方法专

---

　　① "常青"是制药公司经常采取的一种措施，即通过略微的调整药物来不断的扩展药品专利的保护期限。通过已有物质的"衍生物"获得新的专利保护是其中一个重要方法。

利的获得。我国不论是专利制度，还是药品审批管理制度，对这类专利的关注度都不高。印度在 20 世纪 70 年代医药方面的各种技术都很落后，其高超知识产权制定及应用能力为其医药产业在国际上的崛起作出了不可磨灭的贡献。印度在工艺或方法专利方面也曾数次做过调整。鉴于其对知识产权制度的娴熟应用，可以推断这些调整应当与产业发展的变化有关系。日本在二次大战后在技术发展突破上的一个重要方面是各种制造工艺的精益求精，除了民族特性外，知识产权制度上的有关规定也可能是因素之一。此外，德国在各种制造工艺上的优质表现，也可探讨是否与有关制度规定有关。由于时间及资料获取的限制，本次研究没有对如何调整工艺或方法专利做出具体设计，但建议以后有必要以日、德、印三国的经验作为重点参考，来系统深入地研究如何调整工艺或方法专利或其他制度来促进制药（或其他行业）的工艺提高。

2. 探讨符合国情的专利链接制度

美国专利链接制度的本意是加快仿制药速度，并实际产生了效果。但直接放在中国的环境下，却可能产生下列不良后果：跨国药企另行设厂，将快到期技术协议转让给新设厂（或其他合作伙伴），使得该药企将在该专利药上的实际垄断权进一步延伸，不利于其他药企的成长。这种情形也在美国发生过，美国通过一些法案对这些现象进行约束。但当这情形发生在不同国家的药企身上时，出于国家利益的考虑，这种制度可能最终会更有利于医药技术发达的国家。

因而，在中国设置一个制度促进仿制药的模仿速度和药品质量，可以以该制度为基础，但必须不同于美国的专利链接制度。首先，要杜绝专利药厂家对首仿药生产的实际控制。具体方法可以以促进创新的传播与发展为理由，规定首仿药厂家和专利药厂家之间不能存在实际控制或关联交易，同时，首仿药的制药工艺应和专利药有所不同。

在克服弊端的前提下，中国可以参照美国的链接制度，明确对"首仿药"的政策优惠，在市场独占期以及定价方面给以倾斜。鉴于中国药企数量众多且市场规模很大，可以考虑政策优惠覆盖至前五家仿制药企业。

3. 推动惠益共享制度的尽快出台

惠益共享制度的建立会对我国中药产业的发展大有裨益。获取与惠益分享（Access and benefit – sharing，ABS）制度是由《生物多样性公约》创设的一项保护生物多样性的制度。它既是 CBD 的目标之一，也是一个实施手段。获取与惠益分享制度包括对资源获取的规定和对资源开发所得的惠益分享规定两方面，只有对两方面均进行合理的规定才能保证资源的有效利用。CBD 不仅为惠益分享制度奠定了国际法基础，同时，为各国采取符合本国实际的管制模式提供了相当的灵活性。据 CBD 秘书处的统计，目前有 50 多个国家和地区依据 CBD 确立的原则与框架已经或正在制定惠益分享方面的立法[1]。根据 CBD 的标准，这些立法可以分为五种类型，分别是：①现行的框架性环境法中规定的授权条款，如乌干达的国家环境法，就是这类立法中比较有代表性的；②通过修订或扩大解释现行立法进行调整，埃及和马来西亚就是采取了这种形式；③包含具体规定的综合性立法，如印度、哥斯达黎加；④制定专门立法，如菲律宾；⑤现行区域组织的超国家立法，如安第斯共同体、东盟等[2]。还有些国家没有对惠益分享制定专门的管制立法，而主要通过现行的财产权法、合同法等私法框架对相关主体之间的活动进行调整，通过相关主体的意思自治来实现惠益分享的目的[3]。采取这种模式的国家可以分为两类：一类是不赞同进行公法管制而推崇私法调整，如美国、欧盟成员国；另一类是认识到进行公法管制的必要性，

---

① Executive Secretary of the Convention on Biological Diversity, International Regime on Access and Benefit – Sharing: Proposals for an International Regime on Access and Benefit – Sharing, UNEP/CBD. MYPOW/6, 7 January 2003, p. 8. 转引自秦天宝：《遗传资源获取与惠益分享的法律问题研究》，武汉大学出版社 2006 年版，第 121 页。

②③ 秦天宝：《遗传资源获取与惠益分享的法律问题研究》，武汉大学出版社 2006 年版，第 122 页。

但在专门立法制定之前暂时利用私法模式进行调整，如阿根廷①。还有一些国家并不刻意制定专门立法或利用现行私法框架，而是鼓励利益相关者制定自愿性质的行为守则或准则指南，通过自我约束达到调整和管制的目的②。瑞士即采用了这样一种调整模式。

　　建立惠益共享制度既有坚实的国际法支撑，也有充分的外国经验可供借鉴，对于提升我国中药产业的国际竞争力至关重要。建立该制度首先要划定受该制度保护的遗传资源及传统知识的范围，然后明确对资源获取的规定，以及对资源开发所得的利益进行分享的分配机制。可参考印度经验，尽快建立有关遗传资源及传统知识的数据库，由知识产权主管部门和有关行业主管部门协调实施利益分配机制。

4. 完善不同类别药物的"可专利性"条款及审查机制

　　"可专利性"条款是最能体现产业特色和一国知识产权立法水平的条款，它为专利制度与本国产业实际是否配合定下基调。生物药作为医药产业最为新兴蓬勃的创新领域，未来发展不可限量，对于"可专利范围"规定的每一项内容，都应仔细考量，斟酌其对技术发展以及产业竞争力的影响。比如，对已知物质的"衍生物"该不该赋予专利？赋予专利会对本国产业有何影响？印度庞杂的"可专利例外条款"就是在回答这些问题的基础上完成的。

　　我国的"可专利范围"条款是按照"与国际接轨"的宗旨将国际条约或者发达国家的规定直接"拿来"而形成的。医药领域的"可专利范围"也是如此。化学药的专利保护范围全球相对趋同，各国自主空间缩小，生物药和天然药（中药）的"可专利范围"正在发展之中。我国应当组织法律、经济以及技术专家的联合团队对生物药和中药的"可专利范围"进行

---

①　秦天宝：《遗传资源获取与惠益分享的法律问题研究》，武汉大学出版社2006年版，第213页。

②　同上，第264页。

细致的重新检视，比如"微生物"的定义是否可加以限制，"衍生物"是否赋予专利等。总体而言，生物药的"可专利范围"可以在细致地甄别之上缩小可专利范围，中药的"可专利范围"则可尝试突破化合物及成分的限制，扩充"可专利范围"。知识产权部门组织经济、法律及中药领域的专家联合进行此项探讨的意义将是长远的。

5. 加强知识产权局与药品管理部门和行业主管部门之间的协作

中国的知识产权建设已经进入新的阶段，即从被动接受到了主动选择的阶段。这种转变既是国家实力增强的体现，也是中国知识产权从业人员的水平有了大幅提升的体现。在新的阶段，主动选择的意义是我国的知识产权制度要为我国的创新及产业发展服务，这就要求工作人员对知识产权制度的效用、国家的创新及产业现状有深刻的理解。这种综合全面的知识结构通常不可能由某一部门来单独实现，只有根据职责分工，由具有知识产权知识、了解国家创新及产业现状的相关部门相互协作才能实现这种转变。

知识产权管理部门目前主要着眼于知识产权制度的条款解释和微观应用，在与产业的配合度方面缺乏系统权威的信息来源；行业主管部门对产业的发展及国际竞争力比较了解，但是对于知识产权制度的作用及立法精巧性缺乏足够知识。体现行业需求的"可专利范围"条款以及"专利链接制度"都需要知识产权管理部门和行业主管部门的有效合作。有必要以完善这两项制度为起点，建立有关部门之间的沟通协调机制。这种协作需要明确各方职责，程序清楚。

执笔：王怀宇

第七章 企业对改进专利制度的需求分析

为了适应不断变化的经济、技术发展形势，《专利法》1984年颁布至今已经修改三次，最近一次修改于2008年底完成。目前，我国开始步入创新驱动发展阶段，部分行业的龙头企业从集成创新转向原始创新。有别于跟踪模仿和技术引进阶段，企业更需要通过专利来保护创新成果，专利制度应根据新形势再次调整。

为了解专利制度存在的问题，以及企业对专利制度的需求，本报告课题组通过召开座谈会和实地考察等方式收集信息，并加以甄别和分析，在此基础上提出调整专利制度的政策建议。

一、企业认为专利制度存在不利于创新的问题

企业反映，专利制度设计和执行上还存在一些不利于创新的问题，主要包括专利保护力度不足，专利价值低，企业没有创造、运用专利的积极性；鼓励数量的政策导致专利数量猛增，不少企业申请专利是为了获取优惠政策，真正有价值的专利被淹没；专利审查与行业发展联系不紧密，专利审查质量不高，快速审查通道有待完善；专利基础信息供给不足。另外，一些企业认为发明人奖励、强制许可等政策干涉企业自主运行，但专利制度需要平衡处于弱势地位的发明人的利益和积极性，以及维护公共利益，不宜单方面为了促进企业创新而调整该政策。

1. 专利保护力度不足

大多数创新型企业认为专利保护力度不足，维权成本高，侵权成本低。

维权方的利益难以通过专利诉讼得到保障，主要表现为专利执法力量薄弱，专利纠纷处理周期长、调查取证难、判决赔偿低、判决执行难。另外，不少企业还反映执法标准不统一，存在一定的地方保护。专利保护弱造成专利价值低，企业对专利保护没有信心。但也有少数企业认为，目前的保护力度是合适的，保护力度不宜提高，否则国外企业就会增加对国内企业的诉讼，国内企业创新仍然会很困难，提出此类意见的主要是尚需依靠国外技术的企业。

（1）专利执法力量薄弱

行政执法力量薄弱主要体现为执法人员少、执法手段弱，地级市的执法机构一般设在科技局，还存在机构不独立的问题。司法机构同样存在人员短缺问题，每个案子平均司法资源少，法官很难认真对待每一个诉讼案件。

（2）行政执法和司法执法衔接不顺，处理程序复杂，处理周期长

行政执法处理纠纷虽然较快，但处理结果很难让双方都满意，往往还要向法院起诉。应诉企业一般会反诉专利无效，负责处理专利异议案件的专利复审委不具备司法裁定权力，法院又没有专利无效认定权，案件可能在"无效"宣告程序规则下，在专利复审委和法院之间来回往复。应诉企业反诉专利无效行为有合理的，也有恶意提出的，企图借此拖垮对手。对恶意提出的异议和无效，目前没有制止与惩罚措施。专利诉讼要走完"诉讼—复审—诉讼"程序，可能长达七八年。发达国家专利诉讼案件周期也较长，但比我国要短，美国3年多结案的专利案子比比皆是，而且因为诉讼预期比较明确，大量案件提前达成庭外和解，实际时间更短。

（3）证据难以获得，打赢官司有难度

根据《民事诉讼法》和《最高人民法院关于民事诉讼证据的若干规定》，专利诉讼案"谁主张、谁举证"。对方有意阻挠的话，获取专利侵权证据非常困难。因新产品制造方法发明专利引起的专利侵权诉讼属于例外情况，现有制度规定，由制造同样产品的单位或者个人承担举证责任，但

前提条件是，原告能证明对方的产品是按照其专利方法生产的新产品，这同样非常困难。

（4）判决赔偿低，赢了官司输了利益

从以往判决案例看，法院裁定的赔偿额很低，最终赔几万元了事的案子很多，鲜有高额赔偿的例子，相对赔偿而言，维权者投入的诉讼成本、市场收益下降等损失则很大。例如，方正诉暴雪（Blizzard）的"魔兽世界"侵犯其专利权，认为"魔兽世界"在我国市场上获利超过 20 亿元人民币，请求 4 亿元赔偿，最终方正胜诉，但仅判赔约 130 万元；东芝有 20 多款便携式计算机侵犯爱国者的专利权，最终判赔 20 万元，仅够每款购买一台侵权产品作为证据；江苏某企业 2005 年开始维权，至今 8 年仍未结束，共起诉了 4 家企业，出庭 40 余次，维权成本投入超过 600 万（包括购买侵权产品作为证据，支付律师费、保全费，以及投入人力物力），截至 2013 年 3 月法院仅判赔 78 万。究其原因，主要是现有专利制度规定，在没有损失证据的情况下，法定赔偿额 100 万元封顶，没有惩罚性赔偿。然而，拿到侵权企业真实账本的难度太大，绝大多数专利诉讼案最后都采用了法定赔偿方式。诉讼投入较大，预期能够获得的补偿太少，权利人很难下决心取证。

（5）执行判决难，维权方很有可能什么都得不到

专利诉讼最后一个环节是判决执行，如果侵权方恶意逃避，目前还没有有力的强制执行手段。

（6）执法标准不统一，部分地方存在地方保护

同一个案子在不同地方审判，极有可能得到相反的结果。按现有规定，由于专利侵权提起的诉讼，由侵权地或者被告所在地人民法院管辖。企业对地方来说非常重要，不仅创造税收，还解决就业，因此本地企业侵权之后，当地政府往往给予保护。地方保护增加了权利人诉讼的难度和成本，提高了诉讼的不确定性，尤其是跨省维权。由于无法形成明确预期，不少权利人权衡利弊后放弃了诉讼。

专利得不到很好的保护，企业就不会重视专利，不会有自己创造、管理和运用专利的积极性，也不用尊重别人的专利。以前外国企业在国外诉我国企业侵权时，我国企业可以在国内反诉外国企业侵权加以应对，但因为国内专利价值太低，外国企业逐渐发现了这个"秘密"，国内反诉也就不能发挥应有的制约作用了，国内企业只能到国外应诉，提高了应诉成本和难度。

同样一项发明创造，在美国申请专利的价值最高，欧洲、日本其次，在我国申请专利的价值要低得多，这说明了这几个国家或地区的专利保护力度存在明显差异。这也是研发部门都要放在美国，都要到美国打专利官司的原因所在。目前已有人在收购我国专利，然后到美国申请专利后出售，尽管暂时还没有发现负面影响，但长期看可能会影响我国创新。

2. 政策导向重数量轻质量

2008 年《国家知识产权战略纲要》颁布实施后，全社会知识产权意识大幅提升，与经济相关的政策，以及各种考核办法，越来越多地纳入了专利指标。将专利与经济发展紧密联系起来，让专利成为衡量业绩的重要指标，在大方向上是鼓励创新的，但已有政策和措施仅考察专利数量，不考察更为重要的专利质量，导向就出现了偏差。

目前，高新技术企业资格认定对专利数量有明确规定，高新技术园区政绩考核、国有企业绩效考核大多设置了专利数量指标，职称评审与评奖时如果有专利就可以加分，专利的重要性得到了充分体现。另外，地方政府大多对专利申请给予经费资助。申请专利成本低、收益高，权利人本来可以申请一件专利的、要拆成多项小专利，本来没必要申请专利的要尽量申请，不够条件的也要试一试。由于实用新型专利无须实质审查，申请难度较低，性价比更高，企业大量申请。国内诉专利侵权案件的胜率不足50%，主要原因是专利被无效掉，说明这些专利其实并不符合授予专利的要求。

专利数量猛增导致的直接后果是，有限的审查资源和执法资源被大量可有可无的专利占用，真正有价值的、需要认真对待的专利案子被淹没。审查员工作量加大，花在一个案子上的时间就相应减少。同样，法官人均工作量越大，花在每一件诉讼上的时间就越少。培养合格的专利审查人员和执法人员有一个过程，专利数量猛增，审查资源和执法资源必然跟不上，这是造成专利保护不力、专利审查质量下降的根本原因之一。

3. 专利审查质量下降，快速审查通道有待完善

由于审查任务重、新招审查员不熟悉行业发展情况等原因，专利审查质量有所下降，难以做到专利授权范围与创新程度准确匹配。

2008 年以来，专利审查业务迅速增长，按正常速度扩编的审查员数量远远跟不上，专利审查案子严重积压。为了提高审查速度，国家专利局设立了事业单位性质的审查协作中心，大量招收审查员。这些审查员大多刚从学校毕业，虽然学历很高，但没有生产实践经验，对行业发展情况不了解。审查员队伍扩充后，审查速度有了实质性提高。"十一五"期间，发明专利审查周期基本稳定在 24 个月，实用新型审查周期由 9 个月缩短至 3.5 个月，外观设计专利审查周期由 6 个月缩短至 3 个月，专利申请复审请求案件和专利权无效宣告请求案件的平均结案周期分别缩短到 14 个月和 7 个月；发明专利审查速度已略快于美国。但是，审查质量有所下降，一些专利授权范围过宽，一些不够条件的申请被授予专利，影响后来者创新。事实上，专利制度实施早期审查比较宽松，那时国内专利申请少而国外专利申请多，国外专利获得了较宽的专利权，对国内企业创新是一种阻碍。

有企业提到，为了让审查员了解行业发展情况和技术发展情况，在审查过程中应增加与审查员的沟通。专利法实施细则赋予了发明专利申请人两次主动修改的机会，而这两次主动修改机会都在实质审查之前，有必要赋予申请人在答复一通的同时主动修改的权利。

由于没有便利的快速审查通道，各行业的专利授权速度大体相同。有

企业认为，一些行业技术更新换代快、产品生命周期短，如互联网、食品、小家电等行业，专利申请需要很快得到授权才有意义，才能在技术淘汰前获得收益，企业有加快审查的需求。2012 年 6 月，国家知识产权局颁布《发明专利优先审查管理办法》，对符合条件的发明专利设置了优先审查通道。该办法没有提到额外收费问题，但仅限特定申请人提出优先审查申请，包括战略新兴产业、绿色技术领域的申请，同时向其他国家提出申请的申请，对国家利益或公共利益有重大意义的申请。提出优先申请的条件是，出具由省、自治区、直辖市知识产权局审查并签署意见和加盖公章的《发明专利申请优先审查请求书》。

发达国家普遍设有快速审查通道，申请条件仅仅是缴费。例如，美国专利商标局为了促进专利技术尽早公开和尽快实现产业化应用，允许申请人提出快速授权申请，加收 6000 美元后，审查周期可以缩短至 12 个月以内。韩国专利制度在常规审查模式之外设有快速审查程序，2006 年韩国知识产权局改制时将快速审查费用统一为 16.7 万韩元。

4. 专利基础信息供给不足

与美国、日本等发达国家相比，我国专利基础数据所含的信息量少，没有统一的数据规范。已有专利数据服务平台主要提供一般的信息检索与查询，尚未覆盖与科技研发和开拓市场相关的各类信息，如法律状态信息、产权交易信息等内容。

知识产权出版社作为国家对外专利信息服务的统一出口单位，对外销售专利信息数据产品，但产品中的专利数据与检索系统绑定，无法独立使用。企业及专利服务机构批量获取专利原始或初加工数据资源比较困难，不利于专利分析。

现有审查制度对专利申请的信息披露要求不高，部分申请人，尤其是外国人来中国申请专利，不把技术细节披露出来，这对于审查员审查专利，以及其他人利用该技术进行再创新是不利的。美国专利法对专利信息披露有详细、明确的要求，可以借鉴。

二、企业对专利制度的需求

　　总体上看，企业对专利制度的需求与企业自身发展阶段、地区发展水平、行业发展水平密切相关，处于不同发展水平的企业对专利制度的需求有一定差异。当企业处于跟随阶段，还没有能力研发新技术的时候，希望专利制度能够限制权利权，实施弱保护制度，给企业追赶发展的空间；当企业进入追赶阶段甚至行业引领阶段，则希望专利制度能够快速解决纠纷，加强专利保护、提高专利价值，尽可能多地通过专利获益。

　　从调研情况看，建议提高专利管理效率、加强专利保护的企业数量压倒性多于建议维持现状的企业。从经济社会发展情况分析，当前我国企业的创新能力大幅提高，创新模式正在从技术引进和跟踪模仿向引进技术消化吸收和自主创新相结合转变，需要一个管理高效、保护有力的专利制度为之保驾护航。结合调研结果和理论分析，企业需要的专利制度可以概括描述为完善的专利审查制度、有力的专利保护机制、方便快捷地提供专利信息，并能够据行业发展情况和地区发展情况弹性调整，尽可能地在优势行业快速确权和处理纠纷、提高保护水平，在弱势行业放慢确权和处理纠纷、降低保护水平。

1. 完善的专利审查制度

　　专利审查关系到专利能否授权和授予多大的权利范围、竞争对手的专利授权范围、获得专利权所需要等待的时间等问题，即授权范围和审查速度。

　　专利授权范围应与创新程度相适应，既不过宽，也不过窄，达到保护权利人利益与保护后续创新者利益之间的平衡。授权范围过宽，权利人可以获得更大的垄断权,但会妨碍后续创新者的利益;授权范围过窄,权利人将丧失本应该得到的一部分垄断权,导致收益下降,打击其创新积极性。

专利审查速度应根据具体行业的情况灵活掌握。一些行业自身的特点要求快速审查,如互联网、食品、小家电等行业的产品生命周期很短,企业需要很快得到授权才有意义,才能在技术过时前获得收益。市场竞争激烈,我国企业处于弱势的行业需要授权慢一些,其他行业则可以快一些。

2. 有力的专利保护机制

专利价值主要由两个因素决定,一是专利本身的技术含量和商业潜力,二是专利保护力度,后者是必要条件。专利价值最终需要通过市场来实现,如果专利保护不力,专利侵权得不到遏制,即便是非常优质的专利,也会失去应有的价值。保护不善的情况下,专利很难以正常价格转让或许可出去,因为对方可以选择直接侵权,然后打上几年官司后赔偿几十万元甚至几万元了事,或者以不高于赔偿额的价格私了。专利得不到保护,创新就不会有收益,影响创新积极性。

当前我国各行业发展较好的企业已经渡过跟随阶段,自主创新活动日益活跃。这些发展较好的企业大多表达了加大保护专利力度、提高专利价值的愿望。与企业意愿相比,我国专利保护力度还不够,已经影响到这部分企业创新的积极性。不少科技型企业在美国搞研发,在美国申请专利后到中国制造,其主要原因就是,在美国专利权能够得到很好的保护,在中国则得不到保护。

有力的保护机制,最终效果要体现侵权者败诉、受到惩罚,并能够真正弥补权利人的损失。在裁定是否侵权的问题上,企业希望扩大被诉讼方负责举证的适用范围,或者法院协助取证,降低举证难度;其次是扩充执法力量,理顺行政执法和司法执法之间的衔接,优化诉讼程序,缩短诉讼周期。在裁定赔偿金额方面,企业希望提高法定赔偿额,设置惩罚性赔偿,增加信用损失等措施,或者法院能够协助就损失举证,使最终赔偿能够完全弥补权利人的损失，并且威胁到侵权人日后的经营。

统一审判标准、审判过程公开透明对企业来说也非常重要，否则对诉讼结果没有明确的预期，将影响企业决策。目前，加强地方专利管理部门执法权的呼声很高，但对统一执法标准问题有所忽视，可能会出现混乱的局面。

企业对专利保护的态度，同样与企业所处的发展阶段直接相关。当企业处于跟随阶段时，希望保护力度弱一些，以便企业可以低代价使用已有技术，积攒实力。当企业处于追赶期甚至处于行业领先地位时，希望加强专利保护，尽可能多地获取利益，遏制追赶者。尽管一些企业态度暧昧，但都不反对公平、公正地处理纠纷。

3. 全面快捷地提供专利信息

以一定期限的独占权换取信息公开，是专利制度促进社会技术进步的关键所在。全面快捷地提供专利信息，有利于后续开发者在已有专利技术的基础上，进一步开展研究开发工作。

企业（主要是知识产权服务机构）建议完善专利信息条目，丰富专利基础信息所涵盖的内容，并免费或低价向社会公布。应明确要求专利申请人在提交申请材料时，提供该技术详细的信息。加强专利数据服务平台建设，提高硬件水平，方便企业批量获取专利基础信息。国家专利预警和分析项目的相关报告应及时公开。

三、调整专利制度的政策建议

当前我国企业的创新能力大幅提高，无论是高新技术领域，还是传统行业，均涌现出一大批具有创新能力的优势企业，部分企业已经可以与国际巨头同台竞争，它们对专利制度提出了更高的要求。

通过专利制度促进创新，关键是让创新能够得到回报，专利可以转化为效益。建议适当加大专利保护力度，提高专利审查质量，完善快速审查通道，扭转重数量不重质量的政策导向，提高专利信息数据质量并及时向社会公布。

1. 以创新型企业的需求为标准加大专利保护力度

由于企业生存状态不同，永远会有企业愿意提高保护力度，同时有企业愿意降低保护力度，还有企业愿意维持现状，调整政策的关键在于确定哪方意见更值得重视。创新型企业虽然数量上不占多数，但市场影响和发展潜力大，是行业发展的希望所在。在我国已经出现了大批创新型企业的情况下，提高专利保护力度已经是自身发展的内在要求。如果说若干年前，弱保护有利于企业生存发展，利大于弊，那么，在大批企业已经渡过生存发展期的情况下继续实施弱保护，代价将是丧失创新能力和发展潜力，弊大于利。专利保护制度要起到优胜劣汰的作用，不能保护落后。

第一，提高行政执法机构和司法执法机构的执法能力。行政执法和司法执法双轨运行的制度还有存在的必要，行政执法一定时期内还需要加强，应进一步扩大行政执法主体范围，增加行政执法手段。司法执法更需要扩充执法人员，同时优化审判资源配置，逐步发挥司法保护知识产权的主导作用。

第二，提高赔偿标准。加快《专利法》第四次修订进程，提高法定赔偿限额，建立惩罚性赔偿制度，增设协助取证措施。选择一批高额赔偿的典型案例加强宣传，给市场正确的信号。对恶意、反复侵权行为，应提高惩罚等级，并在国家专利局和人民法院备案。

第三，优化诉讼程序，加强行政执法与司法执法衔接。推进行政执法与司法执法协作，完善信息共享、联合执法、联合调查取证，以及交接移送机制。研究专利无效审理机构向准司法机构转变问题。

第四，统一执法标准。加快专门知识产权法院建设，探索建立知识产权上诉法院，适当集中专利案件的审理管辖权，改善知识产权案件初审及终审管辖权分散而带来的执法标准不统一问题。行政执法增加执法手段、提高执法力度的同时，尤其是赋予地方专利管理部门行政执法权力的时候，要尽可能地统一执法标准，明确国家、省、市的执法权限。

2. 提高专利审查质量，完善快速审查通道

加强专利审查工作，严格审查发明创造的创造性，使专利授权范围与其创新程度相适应，避免授权范围过宽或过窄，达到保护权利人利益与保护后续创新者利益之间的平衡。

专利管理人员应具备一定的经济知识和行业知识，才能真正把握好尺度。美国、日本等发达国家的专利审查员都要求有一定的行业背景及工作经验，才能从事相关工作。建议定期对专利审查员进行经济形势和行业发展情况培训；加强审查员与其他政府部门工作人员之间的交流，尤其是行业主管部门和宏观经济管理部门。新进人员，除纯行政岗位外，应要求一定的行业从业经验和研发背景。

完善快速审查通道，简化申请手续，允许申请人通过缴费提出快速审查申请。

3. 从重视专利数量转向重视专利质量

对部分经济政策，以及各地各机构的考核措施只强调专利数量、忽视专利质量问题，专利制度应加以引导，不仅要考核数量，更要重视专利质量。建议加强发明专利实质审查，严格审查发明创造的创造性，使发明专利授权范围与创新程度相适应，避免授权范围过宽或过窄。引导地方政府、科研院所、高校和经济政策从奖励或考核专利数量，转向采取同行评议、专家评议等办法评价专利质量，避免一个专利拆分成多个专利、为了数量而多申请专利的现象，以减少专利数量、提高专利质量，改善审查资源、司法执法资源严重不足的状况。

为了削减已经得到授权的存量"虚增"专利，建议将线性递增的专利年费结构，调整为前期低、后期高的加速增长的专利年费结构，让纯粹为了数量而申请的专利、没有实施价值的专利因年费迅速递增而尽早放弃，节约有限的管理、执法资源。

在适当的时候，实用新型与发明专利实现分开立法、独立管理，专利制度重在鼓励原创性发明。

4. 研究制定统一的专利数据规范，全面快捷地向社会提供

建议研究完善专利基础信息条目，丰富专利基础信息所涵盖的内容，形成统一的数据规范，并对信息披露提出更为明确的要求。加强硬件基础设施建设，及时向社会提供标准化的基础信息数据，方便企业和专利服务机构下载数据。基础信息应低价或免费向社会提供。

执笔：沈恒超

第八章 对《专利法》与《专利法实施细则》第三次修订的分析

《中华人民共和国专利法》（以下简称《专利法》）1985 年 4 月正式施行，1992 年和 2000 年全国人大常委会、国务院对《专利法》及《专利法实施细则》（以下简称《实施细则》）进行了两次修改。进入 21 世纪以来，国际国内形势发生了很大变化，党的十六届五中全会明确提出推进自主创新、建设创新型国家，2005 年 4 月，国家知识产权局正式启动了《专利法》及其细则第三次修改工作。

为了提高立法质量，正式启动《专利法》修改工作后，国家知识产权局采取公开招标方式，针对专利的授权与无效、专利权的归属与实施、专利权保护等问题展开研究，最终形成了 40 份研究报告。正式启动实施细则修改工作后，国家知识产权局采取邀标和招标相结合的方式，针对实务操作和程序管理展开研究，最终形成了 21 份研究报告。上述研究报告内容翔实、分析深入，社会各界从不同的角度对如何完善我国的专利制度以使之与国内国际新形势相适应，充分发表了建议和意见。

分析社会各界针对专利制度提出的各种问题和建议，哪些问题已经在《专利法》及其《实施细则》第三次修改中解决，哪些问题还没有解决，没有解决可能出于哪些原因，对于继续完善专利制度具有借鉴和参考意义。

一、创造和管理

1. 增加三类专利权对象的定义

《专利法》修改前，三类专利权客体的定义规定在《实施细则》中。对于"发明""实用新型"和"外观设计"的内涵，公众一般不了解。把定义放在实施细则中，既给公众带来不方便，又显得《专利法》缺乏完整性。

修改后的《专利法》纳入了三类专利权的定义。

2. 将现有技术扩展到世界范围，混合新颖性修改为绝对新颖性

关于新颖性标准和现有技术（含设计，下同）的问题，在第三次《专利法》修改之前已经有了比较充分的讨论。学者普遍认为，应当将混合新颖性修改为绝对新颖性，即将出版物公开[①]和使用公开的地域标准都统一为世界范围。有4份报告针对新颖性和现有技术提出了修改建议。修改的原因主要有以下几方面：①经济全球化背景下，绝对新颖性已成为世界潮流；②有利于对我国传统知识的消极保护；③与实体专利法条约接轨的需要；④现有技术在专利法律中应当有较独立的地位。

修改后的《专利法》增加了现有技术的定义，并在这一定义的基础上对新颖性和创造性进行了界定。通过《专利法》对使用公开的扩充解释，以及审查指南将互联网公开解释为出版物公开，将现有技术扩展到世界范围，从而将混合新颖性修改为绝对新颖性。对于外观设计，也增加了现有设计的定义，将新颖性要求也修改为绝对新颖性，并在实质上增加了"以其他方式为公众所知"的公开方式。

3. 增加发明专利与实用新型申请的转换保护机制

对于发明和实用新型专利申请并存的处理，有学者建议实行发明与实用新型专利的转换保护。《专利审查指南》赋予同一申请人就相同的发明创造分

---

① 出版物公开指的是以出版物的形式记载现有技术。《专利法》意义上的出版物是指记载有技术或设计内容的独立存在的传播载体，并且应当表明或者有其他证据证明其公开发表或出版的时间。对于现有技术的判断，参照的被公开的技术一般是三种来源：出版物公开，使用公开和其他形式公开。《专利法》第三次修改前，使用公开的标准是混合新颖性，即只有在国内使用才破坏新颖性，出版物公开的标准是绝对新颖性。

别申请发明专利和实用新型专利的权利，在专利局已经授予一项专利权之后，尚未授予另一项专利权之前，允许申请人在前一项专利权与将要授予的后一项专利权之间进行选择。这一现行的"转换保护"机制符合专利法立法本意，也符合《实施细则》有关"同样的发明创造只能被授予一项专利"的规定，与本国优先权制度、临时保护制度相互补充，也不与自由公知技术矛盾，应予以明确肯定。从国外立法例来看，在同一申请人就同一项技术方案分别申请发明专利和实用新型的情况下，德国和日本都没有机械地把禁止重复授权原则理解为只允许"一次"授权，而是都允许"两次"授权。

也有企业提出保留发明申请和实用新型申请的双重申请制度，同时修改为绝对的先申请制，实质上否定了一项技术方案可以获得发明和实用新型专利的转换保护。

修改后的《专利法》在第9条中增加一款："同样的发明创造只能授予一项专利权。但是，同一申请人同日对同样的发明创造既申请实用新型专利又申请发明专利，先获得的实用新型专利权尚未终止，且申请人声明放弃该实用新型专利权的，可以授予发明专利权。"部分吸收了第一项建议，实质采纳了第二项建议，将2002年《实施细则》第13条第1款的内容吸收进来，暗含了专利和实用新型不能同时存在，但将转换机制限制于同日提出的发明和实用新型专利申请。

4. 完善权利中止的恢复制度

为了防止专利权人的权利无辜丧失，针对有正当理由耽误申请期限、文书撰写的瑕疵以及司法程序的需要等使权利暂时中止的情况，专利局初审及流程管理部提出了三种权利恢复的方式，为修改后的专利法所采纳：①完善期限条件制：当事人因合理事由耽误了规定的期限，请求恢复权利的，应在规定的期限内提交恢复权利请求书，缴纳恢复权利请求费，完成尚未完成的手续。②增设优先权声明缺陷补正制：申请人办理要求优先权手续的，应当在书面声明中写明第一次提出专利申请（以下称在先申请）

的申请日、申请号和受理该申请的国家；在申请时提出声明的，错写或漏写上述项目中一项或两项的，国务院专利行政部门应当通知申请人在指定期限内补正；期满未补正或补正后仍不符合规定的视为未要求优先权。③完善财产保全下的权利中止程序：人民法院在审理民事案件中裁定对专利申请权或者专利权采取保全措施的情况下，建议在裁定书和协助执行通知书中写明申请号或者专利号。

5. 增加关于外观设计简要说明、权利内容和抵触申请的规定

2000 年《专利法》没有规定申请外观设计专利必须提交简要说明，2002 年《实施细则》仅规定"必要时应当写明对外观设计的简要说明"。4 份来自专利局、知识产权代理公司、律师事务所的报告提出应当增加简要说明（设计说明书）的提交要求。修改后的《专利法》增加了提交简要说明的要求，《实施细则》第 28 条作了相应修改。

有来自政府和企业的报告建议增加外观设计的许诺销售权。修改后的《专利法》采纳了这一建议，使得三类专利权内容方面的规定更为接近。

另外，《专利法》修改前，外观设计的授权条件中没有关于抵触申请①的规定，虽然《专利法》第 9 条及《实施细则》第 13 条可以解决一部分外观设计抵触申请的问题，但并不能对抵触申请的问题予以全部解决。专利局外观设计审查部建议在外观设计新颖性的审查中增加这一要求，为本次《专利法》修改所采纳。

6. 增加生物遗传资源来源披露义务与知情同意权

来自政府和学者的多份报告提出，针对以遗传资源为基础的发明创造，《专利法》应增加专利申请时披露遗传资源来源的义务，以及提供遗传资源

---

① 抵触申请是专利法规中的术语，是指损害新颖性的专利申请。具体是指在申请日以前，任何单位或个人就同样的技术已向专利行政部门提出过申请，并且记载在申请日以后公布的专利申请文件中，那么这一申请就被审查之申请的抵触申请。

来源地相关主管单位或地方代表知情同意的证明，并对《实施细则》和审查指南的相关内容进行修改。也有学者提出需要揭示的遗传资源仅仅限于源自中国的遗传资源。主要理由如下：①上述义务的设立以《生物多样性公约》为依据；②着眼于保护源自中国的遗传资源；③披露义务没有明显突破现有的专利规则，可以利用相关规则，如《专利法》第26条。

《专利法》修改后，第5条增加一款："对违反法律、行政法规的规定获取或者利用遗传资源，并依赖该遗传资源完成的发明创造，不授予专利权。"《实施细则》第44条相应修改。

7. 完善向外申请的审批与保密专利审查制度

关于向外申请审批制度，专利局初审及流程管理部建议采用"书面批准制"，即任何单位或者个人将在中国完成的发明创造提出专利国际申请或者向外国提出发明专利或实用新型申请之前，应当向国务院专利行政部门提出书面请求。修改后的《实施细则》采纳了这一建议，增加一条作为第8条，规定任何单位或者个人将在中国完成的发明或者实用新型向外国申请专利的，应当请求国务院专利行政部门进行保密审查。

关于保密专利的审查制度，专利局初审及流程管理部提出了独立审批制和合作审批制两种模式。两者的共同点是涉及国家秘密的国防专利由国防专利机构受理或经国务院专利行政部门移送审查，区别是在中国完成的发明创造提出的发明专利申请，对该申请是否涉及国家重大利益进行审查时，是否有在国务院有关主管部门备案的人员参与。修改后的《专利法》采纳了独立审批制。

8. 修改国际申请提交中文译文的期限

对于国际申请在国际阶段做过修改，申请人要求以经修改的申请文件为基础进行国内审查的情况，修改前的《专利法》规定，申请人应当在国务院专利行政部门做好国家公布的准备工作前提交修改部分的中文译文。

专利局初审及流程管理部提出应当将这一期限修改为自进入日起 2 个月，本次专利法修改采纳了这一建议。

9. 修改费用缴纳期限

关于专利费用问题，专利局初审及流程管理部提出的 2 条建议为本次专利法修改所采纳：①申请费、公布印刷费和必要的申请附加费的缴费期限增加"收到受理通知书之日起 15 日"这一种类。这一期限与修改前的规定，即"申请之日起 2 个月内"相互补充，更为科学。②删去第 94 条的规定："发明专利申请人自申请日起满 2 年尚未被授予专利权的，自第三年度起应当缴纳申请维持费。"这一规定将专利审查滞后的后果转嫁给申请人承担，在专利审查积压众多的情况下，该规定带来的矛盾很突出。

二、保护和运用

1. 增加现有技术抗辩

有学者建议在侵权判定中增加现有技术抗辩①，目的是为了防止专利权人垄断属于公有领域的技术。

修改后的《专利法》采纳了这一建议，增加一条作为第 62 条："在专利侵权纠纷中，被控侵权人有证据证明其实施的技术或者设计属于现有技术或者现有设计的，不构成侵犯专利权。"

2. 外观设计权利人在起诉他人侵权前须主动请求检索或实质审查

有企业建议规定外观设计权利人在起诉他人侵权前须主动请求检索或实

---

① 指被控侵权人可证明其实施的技术属于现有技术的，不构成侵犯专利权。

质审查的义务，以避免有人利用现行程序获取非法利益和滥用"无效权利"。

第三次《专利法》修改未完全采纳，将第 57 条第二款改为第 61 条，修改为："专利侵权纠纷涉及实用新型专利或者外观设计专利的，人民法院或者管理专利工作的部门可以要求专利权人或者利害关系人出具由国务院专利行政部门对相关实用新型或者外观设计进行检索、分析和评价后做出的专利权评价报告，作为审理、处理专利侵权纠纷的证据。"增加了人民法院、专利管理部门处理纠纷的灵活性，但未将其规定为专利权人的义务。

3. 增加 Bolar 例外

Bolar 例外来源于美国法，指的是为提供行政审批所需的信息，制造、使用、进口专利药品或者专利医疗器械的，以及专门为其制造、进口专利药品或者专利医疗器械的，不视为侵犯专利权。2 份学者提出的报告建议增加这一专利侵权的例外。其理由主要有：①我国制药企业已经有能力生产专利药品，法律应当保障制药企业在专利保护期届满后能够在最短的时间内生产上市医学名药，在《专利法》中明确规定有关的专利权效力例外情况，赋予专利药品和专利医疗设备研究实验者以充分的自由。②与其他国家的相关规定相比，我国关于专利侵权例外的规定还比较狭窄，尚没有充分地利用 TRIPS 协议第 30 条三步检验法所留给我们的自由立法空间。

第三次《专利法》修改采纳了以上意见，增设了这一例外。

4. 细化强制许可制度

强制许可制度是出于公共利益目的，对专利权做出的重要限制。《专利法》第三次修改前，关于强制许可的规定比较原则。为了细化强制许可制度，与《涉及公共健康问题的专利实施强制许可办法》、反垄断法、TRIPS协定的要求相协调，3 份来自学者和政府的报告建议增设新的强制许可种类，如针对公共健康问题的强制许可，反垄断的强制许可，涉及半导体技术的强制许可，不实施的强制许可等，增加强制许可的条件、目的、许可费等规定。1 份来自学者的报告对现行《实施细则》有关强制许可的条款逐条进行了讨论，建议明确"未充分实施其专利""取得专利权的药品"等术语的含义。

修改后的《专利法》大部分采纳了这些建议，增加了反垄断的强制许可、针对公共健康问题的强制许可、涉及半导体技术的强制许可等。《实施细则》增加一条，作为第 73 条，明确了上述两个术语的含义。

5. 专利实施许可合同取消必须是书面合同的要求

《专利法》第 12 条规定，专利许可合同必须是"书面"合同，似乎已经排除了认定默认许可的可能。然而，公众购买专门用于制造专利装置的部件或者专门用于实施专利方法的专用设备后，利用他们来实施有关专利技术是顺理成章、合情合理的事情。有学者建议取消书面要求，修改后的《专利法》采纳了这一建议。

6. 与其他国家交换专利信息

专利局文献部建议完善专利公报公开的内容，规定专利局通过缔结双边协定，与其他国家或地区专利文献信息主管机构进行专利信息的交换。这一建议有利于增强国内外的技术交流，促进国内科技进步。修改后的《实施细则》采纳了这一建议，增加一条作为第 92 条："国务院专利行政部门负责按照互惠原则与其他国家、地区的专利机关或者区域性专利组织交换专利文献。"

执笔：柴耀田　沈恒超

第九章 主要国家知识产权执法情况概述

一、案件审理

1. 审理时间

（1）美国

美国法律对于知识产权案件审理期限没有硬性要求。针对专利案件，90％的案件可以在审前程序完成后达成和解，包括证据开示在内的审前程序最快也要 4～6 个月，平均大约要持续 18 个月至两年。专利案件进入审理程序后，平均需要 1～2 年的时间才能审结。有的案件在审前程序和案件审理上花费的时间远远超过平均值①。

"就实务运作情况而言，每个联邦地方法院的审理时间不一，虽然有一些法院的审理速度较快，仅耗时一年，但大部分的法院审理程序都是繁重且缓慢，平均从起诉到法院为最终判决需要耗时 3 到 5 年，若是某些案件遭上诉审撤销发回重审者，则可能耗时 7 到 10 年，而上诉程序通常耗时 1 到 2 年。"②

（2）英国

在欧洲，英国专利案件审理速度较快，但费用也高出许多。此项调查对英国和欧洲大陆的专利案件从提起诉讼到审结所需时间进行比较：英国

---

① "关于美国知识产权诉讼情况"，http：//xjtust. edu. cn/ziliao/show. php？ bid = 7&listid = 1495，访问日期：2012 - 7 - 23。

② 冯浩庭："美国专利诉讼程序之研究——现况、困境与美国国会之修法回应"，http：// ja. lawbank. com. tw/pdf2/090% E9% A6% AE% E6% B5% A9% E5% BA% AD. pdf，访问日期：2012 - 7 - 23。

一审通常需要 8 ~ 12 个月，二审需 6 ~ 12 个月；欧洲大陆一审平均超过 1 年，二审平均超过 2 年①。

（3）德国

德国设有联邦专利法院，该法院隶属于联邦法院，与州法院级别相同，主要负责审理当事人对专利商标局审核部门的裁决不服提出的诉讼，以及对宣告无效、撤销专利和颁发强制许可所提起的诉讼（德国专利法第 65 条第 1 款），但联邦专利法院并不受理专利侵权诉讼。实践中专利侵权诉讼往往会附带专利无效诉讼，在这种情况下，专利案件的诉讼就需要向两个法院提起，向普通民事法院提起专利侵权诉讼，向联邦专利法院提起专利无效诉讼。

与其他国家相比，德国专利侵权诉讼持续的时间相对较短。法院审理此类案件的平均诉讼时间是：一审法院（地方法院级别）约 1 年，二审法院（上级地方法院级别）约 1 年半，三审法院（最高法院级别）约 1 年半至 2 年。诉讼时间的长短很大程度上取决于法院处理诉讼手续时的工作量以及是否需要进行证据调查等情形。根据不同情况，诉讼时间有时会延长一年②。

（4）印度

在印度，专利侵权案件"审理所需的时间一般为 4 至 6 年。在审理期间，如果针对被告或原告的禁止令尚未能够变更为中间禁止令，原告、被告双方通常会进行协商。因此，大多数案件未进入审判阶段就已经结束"③。

（5）韩国

韩国专利法院 2003 年案件的审理时间为：专利和实用新型 10.8 个月，

① "英国知识产权诉讼费比欧洲大陆高出一倍"，http：//www. sipo. gov. cn/dtxx/gw/2006/200804/t20080401_ 353197. html，访问日期：2012 - 7 - 23。
② 毛金生、谢小勇、刘淑华等：《海外专利侵权诉讼》，知识产权出版社 2012 年版，第 69 页。
③ 寇海侠："印度专利侵权诉讼概述及其与中国专利侵权诉讼的区别"，发展知识产权服务业，支撑创新型国家建设——2012 年中华全国专利代理人协会年会第三届知识产权论坛论文选编（第二部分），2011 年。

商标、外观设计平均 5.5 个月。平均是 7.6 个月。"① 但是，我们并不能将这些统计数据等同于韩国专利诉讼的耗时，因为韩国专利法院并不直接受理专利侵权案件，而只受理不服知识产权裁判所裁决的上诉案件。这样一来，知识产权裁判所作出裁决所耗费的时间并没在被包含在上述时间中。

韩国专利制度中的知识产权裁判所是"由争议委员会和争议上诉委员会组成的知识产权裁判所。知识产权裁判所审理案件，职权全面审查，不但审理当事人的诉讼请求和证据，而且当事人没有讨论的问题，也要审查。审查和依职权检索证据，也不需要通知当事人。韩国专利法院对于知识产权裁判所的决定，只能维持或者撤销，而不能改判"②。

2. 诉讼费用

（1）美国

专利诉讼是美国花费最大的诉讼，即使是案情较为简单的专利诉讼，也可能花费不菲。虽然"每件专利诉讼的实际花费，取决于所主张的专利数目、专利所涉技术的复杂度、当事人和代理人的人数，及所采取的诉讼策略而定，有文献指出，以一件仅单一被告、二件专利涉讼的诉讼为例，自原告起诉、审前阶段至声请即决判决为止，被告即已花费高达 110 万美元，至审判结束，诉讼花费更迅速累积至 255 万美元。另根据美国智慧财产法协会（American Intellectual Property Law Association，AIPLA）于 2005 年度针对美国专利诉讼成本所作之统计，即使是涉讼金额小于 100 万美元的专利诉讼，每一方的平均诉讼费用（仅包括律师费）为 77 万美元，且一件进行证据开示程序的案件的平均成本是 35 万到 300 万美元，而一件历经上诉程序的案件的平均成本则为 65 万至 450 万美元"③。

----

①② 张玉瑞、韩秀成："我国知识产权司法体制改革"，http：//www. chinalawedu. com/news/20800/213/2006/6/xi646630445312660027360 - 0. htm，访问日期：2012 - 8 - 7。

③ 冯浩庭："美国专利诉讼程序之研究——现况、困境与美国国会之修法回应"，http：//ja. lawbank. com. tw/pdf2/090% E9% A6% AE% E6% B5% A9% E5% BA% AD. pdf，访问日期：2012 -7 - 23。

（2）英国

"2006 年英国《金融时报》公布的调查结果显示，尽管英国法院的知识产权案件审结速度快于欧洲大陆，但诉讼费用比欧洲大陆至少高出一倍，特别是专利案件诉讼费往往超过 100 万欧元"，英国专利案的诉讼费通常在 100 万 ~150 万欧元之间①。

为解决个人和小企业提起诉讼时面临的诉讼成本压力，从 2010 年 10 月 1 日起，英国司法部施行了一项"促进审判相称成本"的措施，首次设置了英国地方法院知识产权辩护费用的上限。个人和小企业在地方专利法院为其专利、商标和版权资料做侵权诉讼时，如果败诉，那么他们最多只需要支付 50000 英镑的费用。该费用将随着法庭审理程序的发展而按比例增减，防止无良律师一次索要过高的前期费用。另外，损害赔偿诉讼中已设定费用为 25000 英镑②。

（3）德国

相比其他国家，德国专利案件诉讼费用较低，大约 5 万 ~50 万马克③。折算成美元大约 3 万 ~30 万。

（4）印度

印度专利侵权案件的诉讼费用取决于为专利侵权诉讼所提出的损害赔偿金的总额。"诉讼费大概是所要求赔偿金总额的 1.10% 。因此，如果一个专利侵权案件所主张的赔偿额是 500 万卢比，则需要缴纳约 55000 卢比的诉讼费。"④

---

① "英国知识产权诉讼费比欧洲大陆高出一倍"，http：//www. sipo. gov. cn/dtxx/gw/2006/ 200804/t20080401_ 353197. html，访问日期：2012 - 7 - 23。

② "英国专利诉讼费封顶"，http：//www. ipr. gov. cn/guojiiprarticle/guojiipr/guobiehj/gbhjnews/ 201009/972216_ 1. html，访问日期：2012 - 7 - 26。

③ 毛金生、谢小勇、刘淑华等：《海外专利侵权诉讼》，知识产权出版社 2012 年版。

④ 寇海侠："印度专利侵权诉讼概述及其与中国专利侵权诉讼的区别"，发展知识产权服务业，支撑创新型国家建设——2012 年中华全国专利代理人协会年会第三届知识产权论坛论文选编（第二部分），2011。

3. 举证程序

（1）美国

美国的知识产权案件遵循联邦民事程序规则中关于证据披露与证据开示的规定，同时，在不违法联邦规则的前提下，审理专利案件的联邦地区法院会制定特殊的适用于专利案件的规则。

"被告提出答辩状后，两造（方，下同）依联邦民事程序第26条之规定，必须为一定的最初揭露（Initial Disclosure），并提出联合证据开示计划（Joint Discovery Plan），以供两方与法院进行最初审前会议（Initial Pretrial Conference）之用。且在召开最初审前会议期间，法院会根据两造所提的联合证据开示计划，作出案件时程控制命令（Docket Control Order），且两造必须于此时互相向对造为最初揭露。……法院会于审前会议中探求两造有无和解可能，若双方无法达成和解，便进入证据开示程序（Discovery），由两造互相搜集于审理程序中所需的一切证据、范围及于一切与原告请求或主张与被告抗辩相关的资料，且包括以相关的电子形式储存信息（Electronically Stored Information），但被请求提供电子信息的一造可以依2006年12月1日才修正生效的《联邦民事诉讼规定》第26条第b项第2款第B目规定，以因不适当的负担或成本而不能合理取得为由（not reasonably accessible because of undue burden or cost）拒绝提供。此外，证据开示的范围亦不包括两造之特权，如律师当事人特权（Allorney‒Client Privi Lage）、工作成果特权（Work Product Immunity）所涵盖的资料，且若当事人所需揭露的资料内容涉及其商业秘密时，通常会于揭露前向法院申请以不公开法庭方式调查该证据或申请核发保护令（Protective Order）。"①

专利诉讼中核发保护令，是因为"对于专利诉讼中有关被控侵权方法、

---

① 冯浩庭："美国专利诉讼程序之研究——现况、困境与美国国会之修法回应"，http：//ja.lawbank.com.tw/pdf2/090% E9% A6% AE% E6% B5% A9% E5% BA% AD.pdf，访问日期：2012‒7‒23。

财务账目等可能构成被控侵权方保密信息的内容，根据律师要求均要向原告方披露和开始。但为防止这些保密信息被不正当地使用于诉讼外的目的，法院可以颁布保护令（Protective Order）。保护令规定该保护令的范围、保密信息的指向、保密信息的范围、信息的使用、信息的披露、信息在诉讼程序中的使用、资料的返还或销毁等。律师宣誓并签署书面承诺，一旦律师违反保护令，则可能会导致藐视法庭罪，承担刑事责任或被吊销律师执业执照"①。

"证据开示可用的方式包括以口头询问或书面询问的方式取得对造的宣誓证言（Deposition Upon Oral Examination or Written Questions）、书面问卷（Written Interrogatories）、要求对造提出文件与物品（Request for Production of Documents or Things）、进入对造土地或以便勘验或为其他目的（Entry Upon Land for Inspection and Other Purposes）、对特定人做身体及心理检查（Physical and Mental Examination of Persons）、要求自认（Requests for Admission），其中取得宣誓证言的对象包括一般证人与专家证人，而对专家证人的取证是在所有的专家证人报告均被提交之后，且除非有法院之命令或两造之同意，依规定仅能为 10 次的口头宣誓取证，且一位证人每日的取证时间则不得超过 7 小时。"②

"在 20 世纪 70 年代以后，美国出于更加公正、迅速和廉价地解决纠纷之目的，先后对证据披露规则进行了几次修改，直接导入了自主开示规则。"③ 新规则将证据的开示义务化，要求当事人应尽早和自动地将与案件有关的基本信息提供给对方，并规定了懈怠开示的严厉惩治。

（2）英国

英国专利诉讼中，双方当事人在事实审理前也进行证据开示活动，但

---

① "关于美国知识产权诉讼情况"，http：//xjtust. edu. cn/ziliao/show. php? bid = 7&listid = 1495，访问日期：2012－7－23。

② 冯浩庭："美国专利诉讼程序之研究——现况、困境与美国国会之修法回应"，http：//ja. lawbank. com. tw/pdf2/090% E9% A6% AE% E6% B5% A9% E5% BA% AD. pdf，访问日期：2012－7－23。

③ 毛金生、谢小勇、刘淑华等：《海外专利侵权诉讼》，知识产权出版社 2012 年版。

规模远小于美国的诉讼。此外，特定种类的文件可以免除公开①。

在英国专利侵权诉讼中，以下是免除开示的书证种类。

①在送达书证清单之前，如被指控侵权的当事人已向他方当事人送达产品或制造过程全部细节（包括必需时的示图说明或其他说明）之证据的，则有关通过产品侵权或制造侵权方式侵犯专利权的书证免于开示。

②涉及对专利有效性提出异议的书证，除非在主张在先使用日前两年及在先使用专利结束之日起两年期间已经存在的书证。

③涉及商业成功事项的书证②。

（3）德国

在德国，专利案件正式庭审前有时法院会进行预审，预审并不讨论试题内容，而是使原告与被告双方的代理人有机会交换意见。在庭审中，如果双方当事人对涉及案件胜败的重要事实产生争议，法院必须进行调查。法院的调查包括调查证据和询问双方提供的证人。法院可以对当事人指定的专家进行询问，并自行决定是否需要进一步咨询第三方独立专家的意见。法院内部的技术专家不足以判断涉案专利问题时，可以请求外部技术专家帮助。这类专家不应该与当事人有任何业务或个人关系，另一方当事人有拒绝认可该专家的权利。法院应对当时人提出的证据进行评价。法院没有必要一定采用某一专家（包括当事人提供专家和法庭专家）的意见③。

与英美法系当事人主义不同，大陆法系施行职权主义民事诉讼模式。在德国民事诉讼程序中，一方当事人通常无权要求对方当事人披露有关证据，而要获得法官的许可或由法官职权命令当事人提供有关证据。当事人向对方收集和调查证据的范围极为有限④。

（4）印度

在印度"为了证明侵权行为的存在，侵权货物的样品应当及时购买封存，印度境内发生的现金备忘录、对账单等书证应当及时固定。被告方生

---

①②③④　毛金生、谢小勇、刘淑华等：《海外专利侵权诉讼》，知识产权出版社 2012 年版。

产的产品或者使用的制造方法，包括产品的宣传材料、网站页面、指示或使用说明、广告、产品包装等资料，与被侵犯的专利权进行全面的比对分析。可以通过权利要求对照表进行专利侵权分析，该权利要求对照表突出被告产品或方法的技术特征与原告专利权利要求技术特征的比对。在某些情况下，法院在审理案件时也依靠技术专家。如果法官在审理案件的过程中遇到有关专门性的技术问题，法官可以根据《专利法》（1970）的有关规定，任命科学顾问、解决案件中的技术问题。科学顾问是指根据上述《专利法》的规定，在庭审过程中，法官有权委任一个独立的科学顾问，以协助自己解决有关技术问题，提供相关的意见。科学顾问只能向法官提供专家意见，由法官做出最终决定。科学顾问的意见，对法官的审判不具有约束力"①。

一般由原告方（即专利权人）承担证明侵权的举证责任，然而，本法第 104 条 A 款规定了一种例外情况，下面将对这种例外情况进行讨论。

第 104 条 A 款有关侵权诉讼案件的举证责任。一是在专利侵权案件中，有关产品专利诉讼，当专利主题涉及产品的制造方法时，法院可以直接要求被告证明其使用的生产与专利方法获得产品相同的侵权产品的方法不同于原告的专利方法，条件如下：

（a）专利保护的客体为获得一个新产品的生产方法；

（b）生产相同产品的方法极有可能为同一个方法，并且专利权人或者其他利害关系人无法通过合理的努力确定侵权产品实际使用的方法；

专利权人或者其他利害关系人有义务首先证明涉嫌侵权产品和依照专利方法获得的产品相同。

因此，为了在诉讼程序上适用举证责任倒置，原告（即专利权人）必须提供以下证据证明相关事实：①涉嫌侵权产品与依照该专利方法获得的

---

① 寇海侠："印度专利侵权诉讼概述及其与中国专利侵权诉讼的区别"，发展知识产权服务业，支撑创新型国家建设——2012 年中华全国专利代理人协会年会第三届知识产权论坛论文选编（第二部分），2011。

产品相同；②通过该专利方法获得产品为新产品；或者③相同的产品非常有可能是由专利方法制造的；并且④原告（即专利权人）通过合理的努力仍然无法确定被告（即专利侵权人）实际使用的方法①。

二、民事与刑事责任

1. 民事责任

（1）美国

知识产权民事责任包括损害赔偿和颁布禁令，此外，在侵权案件中，权利人可以要求没收或销处理侵权物品。

对于专利侵权案件的损害赔偿，美国法院判决的侵权损害赔偿金额很高，法律并未规定民事赔偿数额的上限。"例如 Rambus 公司诉 Hynix Semiconductor 公司获得三亿七百万美元的赔偿金，Z4 Technologies 公司诉 Microsoft 和 Autodesk 等公司获得一亿三千三百万美元的赔偿金，Texas Instruments 公司 Globespan Virata 公司获得一亿一千两百万美元的赔偿金，且据估计美国法院于 2006 年在专利诉讼中总计判赔超过十亿美元的损害赔偿金予原告，系 2005 年总金额的 3 倍。"②

"为了证明和计算专利权人的利润损失，在美国判例法上，法院会要求专利权人提供以下证据：①市场上对专利产品的需求；②市场上是否存在可以接受的非侵权替代品；③专利权人及其被许可人生产和上市销售专利产品的能力；④专利权人及其被许可人在专利产品上可以赚取的利润。法

---

① 寇海侠："印度专利侵权诉讼概述及其与中国专利侵权诉讼的区别"，发展知识产权服务业，支撑创新型国家建设——2012 年中华全国专利代理人协会年会第三届知识产权论坛论文选编（第二部分），2011。

② 冯浩庭："美国专利诉讼程序之研究——现况、困境与美国国会之修法回应"，http://ja. lawbank. com. tw/pdf2/090% E9% A6% AE% E6% B5% A9% E5% BA% AD. pdf，访问日期：2012 – 7 – 23。

院在推断权利人损失时会区分专利权人和侵权人的竞争关系。当专利权人和侵权人处于直接竞争关系时，法庭在计算专利权人的利润损失时会考虑以下两种计算方式：一是以销售递增的方式计算利润损失。这种方式是假设当销售额达到一定程度时，利润损失不会因为销售额的增加而增加。二是以整个市场价值的方式计算利润损失。按照这种方式计算，专利权人需要证明不受专利保护的附件能够随专利产品一起销售，利润损失应当包括该附件的利润。当专利权人与侵权人不存在直接竞争关系时，比如专利权人只是许可他人实施专利时，比如专利权人只是许可他人实施专利，专利权人与被许可人签订的许可协议所确定的权利金就是计算损害赔偿数额的重要参考指标。"[1]

若经法院判定被告系故意侵权（Willful Infringement），法官依据美国《专利法》第 284 条规定有权依其裁量将损害赔偿金提高至 3 倍，并得依美国《专利法》第 285 条规定判决被告须支付原告所支出的高额律师费。

"美国法院在审查是否判决侵权者承担惩罚性赔偿金时，通常考虑以下因素：①侵权人是否故意复制他人的技术路线；②当侵权人知道他人的专利权存在时，是否采取了相应措施，并且是否存在证据表明侵权人相信自己不会侵权；③侵权人在诉讼过程中，是否真诚地配合了法庭的证据调查。这些因素中，侵权人对待其侵权行为的主观态度和意图非常关键，在这种主观意图的认定中，法庭享有很大的自由裁量权。"[2]

美国《专利法》第 284 条（关于损害赔偿金）："法院在作出有利于请求人的裁决后，应该判给请求人足以补偿所受侵害的赔偿金，无论如何，不得少于侵害人使用该项发明的合理使用费，以及法院所制定的利息和诉讼费用。

陪审团没有决定损害赔偿金时，法院应该估定之。不论由陪审团还是由法院决定，法院都可以将损害赔偿金额增加到原决定或估定的数额的三倍。

---

①② 毛金生、谢小勇、刘淑华等：《海外专利侵权诉讼》，知识产权出版社 2012 年版。

法院可以接受专家的证词以协助决定损害赔偿金或根据情况应该是合理的使用费。"

第285条（关于律师费）："在例外情况，法院也可判定价诉人负担合理的律师费用。""关于判令支付律师费，并不是所有案件都适用，只有在被控侵权方故意侵权或者原告方恶意诉讼的情况下，才可以考虑赔偿对方律师费。至于具体数额，由法官决定胜诉方大致花费的律师费数额，由于大部分的联邦法官都曾有过执业律师经验，对于适当律师费数额的判断也很有信服力。"[①]

（2）英国

英国专利侵权救济的类型也分为损害赔偿和禁令两大类。

"根据1977年英国专利法第61条第（1）款的规定，专利权人在专利侵权诉讼中可以提出下列要求：①要求给被告禁令限制他的可能会造成侵害的行为；②命令他交出或毁掉使专利权受到侵害的专利产品，或作为该产品不可分割的一部分的物品；③要求赔偿这种损害造成的损失；④要求交出他从侵害中获得利益的账目；⑤要求宣布该专利有限并受到了侵害。英国专利法第61条第（2）款规定，同一侵害案件，法院不应对专利权人既准予赔偿损失，又命令侵权者提供获利账目。

"同时，英国专利法对损害赔偿规定了限制条款。英国专利法第62条第（1）款规定，在专利侵权诉讼中，如果被告证明在发生侵害的日期自身不知道并且没有充分理由假设其已经知道该专利存在，不得判处被告赔偿专利权人损失或交出获利账目；仅仅以一项产品上附有'专利'或'已获专利'等字样或任何表示或暗示该产品已获专利的字样，不能推定他人知道或有充分理由可以假设其已经知道该专利存在，除非这类字样注明专利证号码。

"英国专利法第62条第（2）款规定，在侵害专利诉讼中，如果侵害发

---

① "关于美国知识产权诉讼情况"，http：//xjtust.edu.cn/ziliao/show.php? bid = 7&listid = 1495，访问日期：2012 - 7 - 23。

生于本法第 25 条第（4）款规定的延长期内，但在按该款交纳转期费和附加费之前，法院或专利局局长认为适宜，可拒绝判予损害赔偿。

"英国专利法第 62 条第（3）款规定，当按照本法规定准许对一项专利说明书进行修改时，如对该专利的侵害时在决定准许修改之前发生的，在诉讼中对该侵害造成的任何损失无须赔偿，除非法院或专利局局长认为已发表的该专利说明书忠实可靠、具有合理技巧和见解。"①

（3）德国

德国对于专利侵权的救济也主要是由禁令和损害赔偿两部分构成。

德国专利侵权案件损害赔偿数额的确定存在三种计算方式。

①由侵权行为发生为专利权人带来的利润损失来确定，即假设侵权行为没有发生时，专利权人可能获得的营业利润。但是这种计算昂贵、耗时且难度非常大，权利人必须提供足够的证据来证明其利润损失与侵权行为之间存在因果联系，在实际中很少有权利人选用这种方式。

②依照侵权人非法获利来计算。该规则并未在德国专利法中明确规定，而是由 1874 年德国商业上诉法院首次提出，2002 年德国联邦最高法院的一项判决再次重申了该规则。在该案件中，被告侵犯了原告所拥有的一项截止的外观设计专利，经查明被告的生产制造成本大约为 74000 欧元，管理成本为 55000 欧元，侵权产品总销售额为 135000 欧元。然而被告只承认其获利总额为 6000 欧元，这一数据只占其销售总额的 4%。德国联邦最高法院认为，损害赔偿的目的是为了使原告恢复其在侵权没有发生时本应获得的利益。在确定侵权人的非法获利时，只能扣除诸如制造、销售侵权产品在内的可变成本，而不应该减去租金、折旧等固定成本。如果允许侵权人不受限制地从收益中扣除固定成本，那也意味着这一数据并不能代表侵权人因获侵权所获得的全部利润。让权利人承担其在侵权行为未发生时不应承担的固定成本，也就是违背了损害赔偿的全面赔偿原则。基于这种考虑，

---

① 毛金生、谢小勇、刘淑华等：《海外专利侵权诉讼》，知识产权出版社 2012 年版。

本案中侵权人非法获利的数额应为61000欧元而非6000欧元，这甚至超过了侵权产品总销售额的40%。至此之后，地区法院依据该判决极大地提高了非法获利的赔偿数额，专利权人开始认为侵权人的利润计算损害赔偿可以比其他两种计算方法获得更高的赔偿额。

③按照通常的许可使用费来计算。这种方法在成文法中没有规定，但是德国司法实践中最为常用的计算方法。在决定许可费时，假设双方当事人缔结了实施许可合同情况下会达成一致的金额。这种计算方法在德国也存在许多争议。德国法学家认为，这种计算方法将侵权人置于等同于甚至优于被许可人的地方，因为只有在确认侵权后，被侵权人才需要支付许可费，并且不需要承担许可合同谈判费用。为了解决这一问题，德国司法机关将按许可使用费计算损害赔偿数额的方法提高到高出经过自愿谈判所达成的许可费用，在确定具体数额时，法官必须求助于正常情况下利用他人发明所应支付的合理数额，参照权利人已经将该专利许可他人实施的许可使用费，如果没有现成的许可协议供法官参考，则可以考虑类似专利的许可使用费或行业惯例[①]。

依据德国民法中"损害赔偿的唯一目的是使原告取得或者恢复当侵权没有发生时的地位"的基本原则，使得德国专利侵权案件中损害赔偿确定的数额仅仅用于弥补损失，因而德国并不存在类似美国的惩罚性赔偿金制度。

（4）印度

根据印度的法律规定，专利侵权不用承担刑事责任。[②] 民事救济是印度打击知识产权侵权的有效手段。印度知识产权法为打击侵权提供了以下几种民事救济方式：一是申请搜查令。原告可以向法院申请搜查令，到被告

---

① 毛金生、谢小勇、刘淑华等：《海外专利侵权诉讼》，知识产权出版社2012年版。

② 寇海侠："印度专利侵权诉讼概述及其与中国专利侵权诉讼的区别"，发展知识产权服务业，支撑创新型国家建设——2012年中华全国专利代理人协会年会第三届知识产权论坛论文选编（第二部分），2011。

的住所突击搜查其所有的文件和证据，避免对方在得知诉讼后毁掉证据。二是申请临时性禁令。三是损害赔偿。侵权方对由己方造成的损害向受害方支付经济赔偿。一般情况下，赔偿能够弥补原告的损失。四是返还利润。在一定情况下，即使侵权人不知道，或无充分理由应知道自己从事的活动构成侵权，被侵权人仍可以向法院申请，责令侵权人返还所得利润或令其支付法定赔偿额①。

根据印度法律，胜诉的原告可以获得如下救济：一是禁止令；二是补偿性损害赔偿；三是交付或销毁侵权物品；四是承担诉讼成本。法院对诉讼成本拥有自由裁量权，在通常情况下，请求支付实际诉讼成本的诉求几乎都不会获得支持。

①损害赔偿的原则。对请求支付的损害赔偿金额没有限制，但是需要按照损害赔偿金数额的一定比例支付诉讼费用。然而，在印度，法院通常不会判决高额的损害赔偿金。此外，法院还有权根据案件的实际情况决定是否支持支付赔偿金的救济方式，印度在这方面没有专门的规定，法官拥有自由裁量权。

关于损害赔偿金的数额问题，到目前为止，主要参照包括英联邦国家和地区在内的其他司法管辖区的判决和外国先例，无形之中形成了补偿损失的惯例，具体体现如下：①根本原则是如果侵权行为是可以弥补的，则弥补受害人的损失是首要的；②受害人可以弥补的损失是指：损失是可以预见的；损失是由侵权行为人的过错造成的；不排除通过公共或社会保险弥补。

此外，还有两个法官裁量赔偿金数额时予以考虑的基本原则：第一，原告的举证责任在于证明他们的损失；第二，证明被告实施了侵权行为，此时损害赔偿金额应当参考补偿原告而不是惩罚被告的目的予以公平评估。因此，法院通常不支持惩罚性损害赔偿金的请求。最好的情况是，原告有证

---

① 朱瑾、谢静："印度知识产权制度与相关管理机构概况"，http：//www. sipo. gov. cn/dtxx/gw/2006/200804/t20080401_ 353284. html，访问日期：2012 – 8 –6。

据证明的其实际遭受的损失被法院判决支持。然而，已有法院针对严重侵犯知识产权的案件做出较为严厉的惩罚性/惩戒性损害赔偿金判决的案例，但是，到目前为止，这些案件还只是涉及商标和著作权侵权。

②侵权人因侵权获得的利益。专利权人请求判决侵权人支付其实际因侵权获得的利益而不是原告实际遭受的损失的，法院会判决被告支付因实施专利侵权行为而获得的利益，并在最终判决之后，按照被告获得的利益的数额支付原告。还要提到，最近，在某些案例中法院以保护专利权人的利益为目的，在审理期间，已经指令涉嫌侵权人定期提供侵权产品销售账目的报表给专利权人，如果专利权人最终胜诉，则被告承诺向原告支付赔偿。

③对损害赔偿金或者侵权人因侵权获得的利益判决的强制性限制。法律授予法院拥有判决支付损害赔偿金或者侵权人因侵权获得的利益的权力受制于以下因素，然而，下述条款不会影响法院在专利侵权诉讼中判决禁止令的权力。

一是善意侵权。凡被告方有证据证明在实施侵权行为时，他不知道或者没有合理理由应该知道专利权的存在，则不需要支付损害赔偿金或者侵权人因侵权获得的利益。

二是未缴纳续期费用。针对在未支付续期费用且发生在续展期后和续展期间的任何专利侵权，法院有权判决不支持上述支付损害赔偿金或者侵权人因侵权获得的利益请求的自由裁量权。

三是专利说明书的修改。如果专利说明书在公开后进行过修改，针对发生在修改日前的实施专利权的行为，法院有权判决不支持上述支付损害赔偿金或者侵权人因侵权获得的利益的请求；除非法院有充分的证据相信原专利说明书中已经充分公开了涉及专利侵权的技术①。

---

① 寇海侠："印度专利侵权诉讼概述及其与中国专利侵权诉讼的区别"，发展知识产权服务业，支撑创新型国家建设——2012年中华全国专利代理人协会年会第三届知识产权论坛论文选编（第二部分），2011。

（5）韩国

在韩国"对于知识产权侵权，可以请求制止或预防侵权行为、要求损害赔偿、返还不当所得，对于有损名誉的情况，可以要求恢复名誉"①。韩国对于是否将惩罚性损害赔偿制度引入本国民法体系一直存在争论。

韩国《著作权法》第125条规定了著作权侵权损害赔偿计算方法，其中包括通过侵权行为为权利人带来的损失计算、通过侵权所获利益计算、通过著作权人正常的使用许可费来计算以及法定赔偿额的确认方法。

2. 刑事责任

（1）美国

"知识产权犯罪的主要类型包括：版权侵权、商标侵权和盗窃商业秘密。版权侵权中包括光碟盗版、录像制品盗版、文学作品盗版、计算机软件盗版和窃取悠闲广播和卫星电视信号。商标侵权包括仿冒名牌衣饰、仿冒汽车零部件、仿冒药品、仿冒医疗器材等。窃取商业秘密包括窃取化学配方、计算机软件、研发资料、客户名单等等。"② 美国专法中专利侵权并无刑事责任，而是对于专利违法行为规定了两条罪名。

①虚假专利标记罪。根据美国《专利法》第292条规定，本罪是指实施如下几种行为之一的行为：

一是未经专利权人同意，在其所制造、使用或出售的物品上，标注、缀附，或者在与该物品有关的广告中使用专利权人的姓名或姓名的仿造、专利号或"专利""专利权人"等类似字样的标记，意图仿造或仿造专利权人的标记，或意图欺骗公众使其相信该物品是经专利权人同意而制造或出售的行为。

二是为了欺骗公众，在未取得专利权的物品上标注、缀附，或者在与

---

① 文汉圭："中韩专利权保护制度比较研究"，中国海洋大学2011年硕士论文。

② "关于美国知识产权诉讼情况"，http：//xjtust. edu. cn/ziliao/show. php？bid = 7&listid = 1495，访问日期：2012 - 7 - 23。

该物品有关的广告中使用"专利"字样或任何含有该物品已取得专利权之意的其他字样或号码的行为。

三是为了欺骗公众，在其并未申请专利，或已申请而并非在审查中时，就在物品上标注、缀附，或者在有关广告中使用"已申请专利""专利在审查中"字样，或任何含有已经申请专利之含意的其他字样的行为。上述情形，每一罪行应处以不超过500美元的罚金。

②伪造专利特许证罪。《专利特许证法》规定了伪造、仿造、变造专利特许证的刑事责任条款，故意印制、运输这样的专利特许证，也要负刑事责任。根据美国《法典》第18编第3571条的规定，伪造专利特许证的行为人将被处以10年以下的监禁，或二者并处①。

实际上，美国知识产权刑事诉讼并不常见。《版权法》第506款规定："为获得商业利益或个人经济利益而蓄意侵犯版权应予以刑事处分。"实际上，当侵权活动涉及大笔资金时美国司法部门才会起诉侵权人。商业秘密从很大程度上来说是州法。1996年议会颁布的《经济间谍法》视特定的商业秘密盗用为联邦犯罪。一些州法明文规定在未经授权下披露、盗窃或使用商业秘密均为犯罪。和《版权法》实施情况一样，商业秘密盗用的刑事诉讼并不常见。一些州对商标侵权或伪造予以刑事裁决。1984年议会通过的《商标伪造法》视商标伪造触犯联邦刑法②。

对于版权侵权的刑事责任，美国《版权法》第506条规定："（a）刑事侵犯是指任何人故意侵犯版权，而且是为了商业利益或私人赚钱，应按第18编第2319条规定处罚。（b）没收和销毁：任何被判定违反（a）款的规定时，法院在判罪中除规定的刑罚以外，还应下令将所有侵犯版权的复制件或录音制品以及用于制造这种侵犯版权的复制件或录音制品的所有工具、器械或设备予以没收和销毁或作其他处理。（c）欺骗性的版权标记：任何

① 刘自立："论专利权的刑法保护（一）"，http：//www. qiankun. com. cn/ShowArtical. aspx？id = 79，访问日期：2012 – 8 – 6。

② 谭文晔："美国知识产权执法简介"，http：//www. chinaipmagazine. com/journal – show. asp？id =738，访问日期：2012 – 7 – 25。

人出于欺骗的目的在任何物品上载有这种人明知其为伪造的版权标记或类似字样；或者，任何人出于欺骗的目的公开发行或者为了公开发行而进口任何载有这种人明知其伪造的这种标记或类似字样的物品，应罚款最高可达 2500 美元。（d）欺骗性的取消版权标记：任何人出于欺骗的目的取消或更改有版权作品上的任何版权标记应予罚款，最高可达 2500 美元。（e）伪造说明：任何人在申请第 409 条规定的版权登记时，或者在与这项申请有关的任何文字说明中，故意地对具体事实伪造说明，应予罚款，最高可达 2500 美元。"①

（2）英国

与美国一样，英国也没有专利侵权刑事责任的规定，但规定了专利违法行为的刑事责任。英国 1977 年《专利法》第 109 条至 113 条规定了以下集中犯罪行为：

①伪造专利记录罪（第 109 条）。本罪是指在按专利法设置的登记册内登记时伪造不实事项或致使他人伪造不实事项，制造或致使他人制造冒充为登记项目的抄本或复制本，或明知记录或文件虚伪不实故意提出或呈交或致使他人提出或呈交作为证据的行为。犯本罪的，应被判处 1000 英镑以下罚金；经起诉宣判，处以 2 年以下徒刑或罚金，或判处徒刑并罚金。

②假冒专利权罪（第 110 条）。本罪是指在有偿处理的物品上标有、刻有或印有，或以其他方式附有"专利"或"获准专利"等字样或任何其他事物以表示或暗示物品为专利产品的行为及冒充其有偿处理的物品是专利产品的行为，犯本罪的应被判处 200 英镑以下罚金。前述规定不适用于下列情况：即作这样声称的制品的专利权，或作这样声称的专利方法已满期，或已撤销，但在所给予被告的合理长度的时限终了以前，他未及采取措施不作这类声称或停止声称者。在按本条对违法起诉时，被告辩护时应能证明他已为防止违法作了适当的努力。

---

① 美国版权法，http：//www.ipr.gov.cn/guojiiprarticle/guojiipr/guobiehj/gbhjflfg/200611/513634_4.html，访问日期：2012 - 7 - 25。

③假冒已申请专利罪（第111条）。本罪是指声称已为其有偿处理的物品申请专利而并未作过此类申请或此类申请已被拒绝或撤销的行为（但如果这种声称或继续作声称是在申请被拒绝或撤销时起的一段时限终了以前，该时限有足够长度使被告能采取措施以保证不做这种声称的情况除外）。犯本罪的，应被判处200英镑以下罚金。

④滥用专利局名义罪（第112条）。假如有人在他的业务地点，或发出的文件中，或在其他情况下，使用"专利局"或任何其他字样，把他的业务地点说成是专利局或与专利局有隶属关系，应承担被判决500英镑以下罚金的责任。

同时，英国《专利法》第113条规定了有关法人犯罪的问题：113－（1）法人违反本法的行为被证明是由于法人的董事、经理、秘书或其他类似官员或正在代理这些职务的任何人的同意、默许或由他的疏忽所致，则他和该法人都应对此违法行为负有罪责，应受控告和给以相应的惩处。（2）法人事务由其合伙成员管理时，对该成员在执行管理职务中的行为和失职，可引用上述第（1）款，视为该法人的董事①。

（3）德国

不同于英美法系国家，大陆法系的国家如法国、德国、日本等都有关于专利侵权刑事救济措施。"在德国，如果侵犯知识产权的行为情节严重的，权利人可以要求检察院立案，进行刑事调查。调查过程中，警察可以没收涉嫌侵权产品，必要时可以临时拘留涉嫌侵权人。如果被侵权人要求建设机关对侵权人提起刑事诉讼申请，海关或警察在收到检察机关指令后可采取行动，扣押涉嫌侵权的产品或局部侵权责任人。一旦证实明显侵权，德国地方法院可对侵权人判处3年以下有期徒刑或罚金；若侵权人系惯犯，可处5年以下有期徒刑或罚金。"②

---

① 刘自立："论专利权的刑法保护（一）"，http：//www.qiankun.com.cn/ShowArtical.aspx？id=79，访问日期：2012－8－6。

② 毛金生、谢小勇、刘淑华等：《海外专利侵权诉讼》，知识产权出版社2012年版。

（4）印度

印度知识产权刑事诉讼的具体程序在《刑事诉讼法典》中作了规定。印度法律规定，法庭可以命令侵权人将侵权产品的复制品及用于侵权的工具交给被侵权人。对侵权人的刑事处罚包括没收侵权产品、罚金和监禁3种。

一是没收侵权产品。认定侵权后，法庭可授权副调查官以上的警官无须逮捕证就可逮捕侵权人，并没收侵权产品或用于侵权的工具。二是罚金为5万~20万卢比不等。三是监禁6个月以上3年以下①。

值得注意的是，在印度，同英美法系国家一样，专利侵权不构成刑事犯罪，专利持有人只能提起民事诉讼②。

"印度的商标执法状况甚至好于发达国家。商标侵权涉及民事侵权和刑事犯罪。《商标法》第103条规定，对于侵权行为，除可以处以5万到100万卢比（约合人民币8，500到17万元）的罚款外，还可以判处最低6个月、最高3年的有期徒刑。第105条对再次侵权规定了更严厉的处罚且可以没收和销毁侵权商品。第115条规定，对相关首要官员和司法官员均可提起刑事起诉。另外，该条款规定，警察局副局长以上职位的官员无须逮捕令和搜查令，甚至没有法院授权，也可实施逮捕行为。如果侵权商品是通过港口进口的，海关官员可以根据《海关法》第112（b）条的规定，制止侵权商品的进口。

对于注册外观设计的盗版行为，权利持有人仅能提起民事诉讼。2000年的《外观设计法》第22条明确规定，在外观设计侵权案件中，赔偿金额最多不能超过5万卢比（约合人民币8，500元）。《外观设计法》对于外观设计侵权案件没有提供刑事救济途径。"③

---

① 朱瑾、谢静："印度知识产权制度与相关管理机构概况"，http：//www. sipo. gov. cn/dtxx/gw/2006/200804/t20080401_ 353284. html，访问日期：2012 – 8 – 6。

②③ "保护知识产权——发展中的印度知识产权保护体系"，http：//csn. mofcom. gov. cn/show/show. php？ id =3786，访问日期：2012 – 8 – 6。

（5）韩国

"韩国《专利法》第 225 条规定：对专利权侵权者，处以 7 年以下和 1 亿元（韩元，下同）以下的罚金。若要使侵权罪罪名成立，专利权能够有效地实施，侵权者一定要具备故意这个前提。侵权者并不知道本产品专利的存在，不是故意的情况，应该给予警告，若警告以后还继续侵权者则视为故意。对于专利权侵权人除了处以监禁和罚款外，还应该将物品没收（第 231 条 1 款），并交与受害者（231 条 2 款）。"[1]

侵犯商标罪（《商标法》第 93 条）侵犯商标权及专有用权的，处 7 年以下有期徒刑或者 1 亿以下罚金[2]。

《商标法》第 66 条规定，以下四种行为被认为是侵权商标权或专有使用权的行为。一是与他人注册的商标同一商标使用在类似商品上或者与他人注册商品类似的商标使用在同一或类似商品上的行为。二是为了与他人注册的商标同一或类似的商标使用或者让别人使用在同一或类似的商品上而交付、销售、伪造、仿造或持有的行为。三是为了伪造或仿造或者让他人伪造或仿造他人的注册商标而交付、销售或持有用具的行为。四是为了转让或引进标有他人注册商标或类似的商标的同一或类似商品而持有其商品的行为。

《商标法》第 95 条规定了违反第 91 条虚伪标记的，处 3 年以下有期徒刑或者 2 千万韩元以下罚金。[3] 第 91 条对虚伪标记行为规定 3 个内容。一是将没有注册的商标或者没有申请注册的商标用在商品上的行为，如果该商标是注册商标或正在申请注册。二是将没有注册的商标或者没有申请注册的商标用在商业用广告、招牌、标签、商品包装或者其他商业交易文件上

---

① 文汉圭："中韩专利权保护制度比较研究"，中国海洋大学 2011 年硕士论文。

② 韩国商标法 Article 93 Offense of Infringement：A person who has infringed a trademark right or an exclusive license is liable to imprisonment with labor not exceeding seven years or to a fine not exceeding 100 million won。

③ 韩国商标法 Article 95 Offense of False Marking：A person who violates Article 91 is liable to imprisonment with labor not exceeding three years or to a fine not exceeding 20 million won。

的行为，如果该商标是注册商标或正在申请注册。三是在指定商品以外的
商品上使用注册商标，或在制定商品以外的商品上使用易于注册商标构成
混淆的标识的行为①。

"韩国侵犯专利罪（《专利法》第 225 条）侵犯专利权或专用实施权，
处 7 年以下有期徒刑或 1 亿元以下罚金。侵犯专利权包括直接侵犯和间接侵
犯。直接侵权是指专利权人以外的人没有正当权限把专利发明为业实施的。
对间接侵犯《专利法》第 127 条规定两种行为。一是专利为物品的发明时，
生产、转让、出租及进口用于生产该物品的用具，或者转让、出租该用具
签订合约的行为。二是专利为方法的发明时，生产、转让、出租及进口其
方法的用具，或者转让、出租该用具签订合约的行为。"②

三、外国当事人诉讼和胜诉情况

对于各国国内外当事人诉讼情况，缺乏权威明晰的统计数据，有人指
出，在美国，"外国企业能有效、公平地行使美国知识产权。尽管没有关于
外国知识产权权利人诉讼成功率的统计数据，浏览知识产权案件也会发现，
外国当事人尤其是来自欧洲、日本、加拿大等发达国家当事人的胜诉概率
不低于美国本土当事人。再者，作为世界贸易组织成员的美国有义务遵循
国际法则，公平对待外国企业。

---

① 韩国商标法 Article 91 Prohibition of False Indication：A person may not perform any of the follow-
ing acts：(ⅰ) indicating on goods a trademark that is not registered, or for which trademark registration has
not been applied for, as if the mark was a registered trademark or its registration had been applied for；(ⅱ)
indicating on advertisements, signboards, labels or packaging of goods or other business transaction docu-
ments and so on a trademark that is not registered or for which trademark registration has not been applied for,
as if the mark was a registered trademark or its registration had been applied for；or (ⅲ) marking an indica-
tion that the trademark is registered for goods other than the designated goods, or marking an indication that is
liable to cause confusion if the registered trademark is used on goods other than the designated goods。

② 李基秀："知识产权刑法保护的中韩比较研究"，中国海洋大学 2008 年硕士论文。

也许会有人认为，在美国行使知识产权的外国公司会遇到一些障碍。明显的例子就是有人认为，在诉讼中法官会有意无意地偏袒美国公司，但并没有证据证明外国企业在美国行使知识产权时受到不公平待遇。来自欧洲和日本的大型企业会主动执行知识产权，并对美国的知识产权执法体系表示满意。"①

执笔：郝　喜

① 谭文晔："美国知识产权执法简介"，http：//www. chinaipmagazine. com/journal－show. asp？id=738，访问日期：2012－7－25。

参考文献
References

［1］ 吕薇．我国产业技术发展阶段与创新模式．中国软科学，2013（12）

［2］ 吕薇．深化改革和体制机制创新，营造有利于技术创新的制度环境．迈向全面小康：新的10年．北京：中国发展出版社，2010

［3］ 国务院发展研究中心技术经济部．国家知识产权战略纲要实施情况评估，2011

［4］ 张玉台主编，吕薇副主编．中国知识产权战略转型与对策．北京：中国发展出版社，2008

［5］ 张晓凌，周淑景，刘宏珍，朱舜楠，侯方达．技术转移联盟导论．北京：知识产权出版社，2009

［6］ 何建坤，周立，张继红，孟浩，李应博，吴玉鸣，陈安国，吕春燕．研究型大学技术转移——模式研究与实证分析．北京：清华大学出版社，2007

［7］ 李志军．当代国际技术转移与对策．北京：中国财政经济出版社，1997

［8］ 傅正华，林耕，李明亮．我国技术转移的理论与实践．北京：中国经济出版社，2007

［9］ 北京信息科技大学人文社科学院．耕耘·创新·收获——北京信息科技大学庆祝建国六十周年论文集．北京：北京师范大学出版社，2009

［10］ 王正志．中国知识产权指数报告．北京：知识产权出版社，2009

［11］ 中华人民共和国科学技术部．外国政府促进企业自主创新产学研相结合的政策措施．北京：科学技术文献出版社，2006

［12］ 和育东．美国专利侵权救济．北京：法律出版社，2009

［13］ 苏竣，何晋秋等．大学与产业合作关系——中国大学知识创新及科技产业研究．北京：中国人民大学出版社，2009

［14］ 张也卉，刘林青．大学技术转移中的专利作用——基于界面理论的考察．研究与发展管理，2007（05）

［15］ 王启明．剑桥大学知识产权激励政策修正案．全球科技经济瞭望，2007（01）

［16］ 徐广军，张晓丰．从贝耶—多尔法案看知识产权立法对产学研一体化的影响．北京化工大学学报（社会科学版），2006（02）

［17］张飞鹏，范旭．《拜杜法》与我国技术转移法律体系的完善．科学学与科学技术管理，2005
（10）

［18］李晓秋．美国《拜杜法案》的重思与变革．知识产权，2009（03）

［19］姜小平．从《产业活力再生特别措施法》的出台看日本的技术创新和产业再生．科技与法律，
1999（3）

［20］宗晓华，唐阳．大学—产业知识转移政策及其有效实施条件——基于美、日、中三版《拜杜
法案》的比较分析．科技与经济，2012（01）

［21］罗涛．斯坦福大学技术转移的成功经验．新经济导刊，2001（18）

［22］翟海涛．美国大学技术转移机构及对我国的启示．电子知识产权，2007（12）

［23］韩振海，李国平，陈路晗．日本技术转移机构（TLO）的营建及对我国的启示．现代日本经
济，2004（05）

［24］范例，竺树声，叶润涛．德国史太白基金会的特点及对我们的启示．浙江科技学院学报，2003
（3）

［25］李志军．英国技术集团（BTG）的技术转移．国务院发展研究中心调查研究报告，2003（52）

［26］陈宝明．英国技术集团发展经验．高科技与产业化，2012（02）

［27］胡朝阳．科技进步法第20条和第21条的立法比较与完善．科学学研究，2011（03）

［28］张平，黄贤涛．高校专利技术转化模式研究探析．中国高教研究，2011（12）

［29］徐棣枫．"拜杜规则"与中国《科技进步法》和《专利法》的修订．南京大学法律评论，
2008（Z1）

［30］国家专利局专利发展研究中心．《专利保护与促进条例》研究，2011

［31］李忠．美国联邦政府科研项目的性质、成果权属政策及启示

［32］单晓光，张伟军，张韬略，刘晓海．专利强制许可制度

［33］何艳霞．《拜杜法案》原则广为亚洲国家采纳．知识产权报，2009-7-8

［34］王强．美国发明人保护法主要内容及发展．国家知识产权局网站，2002-11-27

［35］沈恒超．德国史太白技术转移中心的经验与启示．中国改革论坛，2009-12-25

［36］全国人民代表大会常务委员会．中华人民共和国科学技术进步法，2007

［37］全国人民代表大会常务委员会．中华人民共和国促进科技成果转化法，1996

［38］科技部，财政部．关于国家科研计划项目研究成果知识产权管理的若干规定，2002

［39］国务院．国家中长期科学和技术发展规划纲要，2006

［40］发展改革委，科学技术部，财政部，国防科工委．首台（套）重大技术装备试验、示范项目
管理办法，2008

［41］科学技术部，国家质检总局，发展改革委，财政部.科技计划支持重要技术标准研究与应用的实施细则，2008

［42］科学技术部，国家发展和改革委员会，财政部，国家知识产权局.国家科技重大专项知识产权管理暂行规定，2010

［43］崔国斌.专利代理援助制度比较研究.国家知识产权局专利代理援助项目2011年度课题，2011

［44］国家知识产权局.专利战略制定子课题研究报告，2010年12月

［45］郑友德，张坚，李薇薇.美国、欧盟、亚洲各国专利代理制度现状及发展研究.知识产权，2007（2）

［46］毛鸿鹏.我国专利代理行业的研究.华东师范大学硕士学位论文，2007

［47］林小爱，朱宇.专利代理机制存在的问题及对策研究.知识产权，2011（5）

［48］中华全国专利代理人协会.关于协会组团赴日参加第二十二次中日专利代理人协会交流会的报告，2010

［49］中华全国专利代理人协会.中华全国专利代理人协会代表团访欧考察报告，2006

［50］张鹍.中国发展知识产权服务业的战略意义.改革与战略，2005（8）

［51］国家知识产权局条法司编.专利法及实施细则第三次修改专题研究报告（上卷、中卷、下卷）.北京：知识产权出版社，2006

［52］国家知识产权局条法司.专利法及实施细则第三次修改专题研究报告（上卷、下卷）.北京：知识产权出版社，2008